服装结构设计

侯小伟 ｜ 著

中国纺织出版社有限公司

内 容 提 要

在提倡"工匠精神"的当下，服装行业也越来越重视制板师的工作，结构的严谨和推敲也正体现了这个行业的"工匠精神"。本书本着严谨的态度和与时俱进的思想，主要研究了衣身袖窿宽度对服装合体性的影响，女装各类合体原型的变化原理与方法，各种原型袖和变化衣袖的结构原理，并结合当下流行女装款式，详细分析了合体原型结构制图法的设计过程和步骤，同时在前人的研究基础上，总结了常用男装的结构设计过程和步骤。

本书适用于服装专业院校师生参考学习，也可供服装行业从业人员参考使用。

图书在版编目（CIP）数据

服装结构设计 / 侯小伟著 . -- 北京：中国纺织出版社有限公司，2021.12
ISBN 978-7-5180-9256-7

Ⅰ . ①服… Ⅱ . ①侯… Ⅲ . ①服装结构 — 结构设计
Ⅳ . ① TS941.2

中国版本图书馆 CIP 数据核字（2021）第 265588 号

FUZHUANG JIEGOU SHEJI

責任编辑：孙成成　　　责任校对：江思飞　　　责任印制：王艳丽

中国纺织出版社有限公司出版发行
地址：北京市朝阳区百子湾东里 A407 号楼　　邮政编码：100124
销售电话：010—67004422　　传真：010—87155801
http：//www.c-textilep.com
中国纺织出版社天猫旗舰店
官方微博 http：//weibo.com / 2119887771
三河市宏盛印务有限公司印刷　　各地新华书店经销
2021 年 12 月第 1 版第 1 次印刷
开本：787 × 1092　1/16　印张：13.5
字数：260 千字　　定价：49.80 元

前　言

　　服装结构设计是对服装的整体构成和各部件之间组合关系的解构过程。服装结构设计在服装整个设计和制作体系中占据承上启下的重要作用。它是服装款式设计的具体实现手段和必经过程，是服装工艺设计的前提，也是服装制作体系进入实质性阶段的标志。

　　服装结构设计的合理与否，会直接影响各个部件的外轮廓和内部结构关系，从而影响服装的适体性、舒适性和美观性。因此，对于服装结构设计的研究具有深远而重大的意义。

　　当今社会，服装款式瞬息万变，服装的时尚性和舒适性越来越被人们所注重。因此，只有紧跟时尚潮流，抓住消费者的内心需求，勇于创新、勤于创新，不断学习和积累，才能设计出符合现代消费者需求、有感情、有思想的服装，才能适应社会的发展，让服装设计立于不败之地。

　　本书在编写过程中，分析和运用了多种女装原型，分析它们的设计原理以及与人体体型之间的密切关系，运用各种原型的优点，同时在设计成合体原型的时候，改变每种原型个别细微之处，使每一种原型都能得到与之相应的合体原型。同时利用每种合体原型设计成衣，并详细讲解制作原理和步骤，在一定程度上更加系统和详尽地阐明成衣结构设计的变化规律。通过对比分析不同原型的结构制图过程，展示了不同的服装选择相应的原型进行结构制图的合理性。本书主要结合当下流行女装款式，着重介绍了女装各类原型和合体原型、省道转移、褶的设计、各类合体衣袖和变化衣袖结构设计、女装整体结构设计、男装常用款式的制图过程等内容。

　　本书在编写过程中不仅注重图片的展示，而且强调步骤的讲解，旨在使整个制图过程更加清晰明了。在内容的安排上，不追求"多和全"，更加在意"概括性和代表性"。本着以下结构设计宗旨，力争做到把结构设计过程研究透彻。一是服装原型的结构合理与否，直接关系到使用此原型所设计的各成衣结构的合理性。二是不同类型、不同款式的成衣应使用不同的原型进行结构设计，以减少不必要的工作量并设计出最合理的结构。三是灵活掌握原型的不同用法，同一种原型也能设计出多姿多彩的服装。

由于笔者知识水平有限，编写时间较短，书中不足之处恳请各位专家和广大读者谅解、指正。

侯小伟

2021 年 6 月于泰山学院

目　录

第一章　服装结构设计基础知识

第一节　服装结构设计概述

现代服装工程是由款式设计、结构设计和工艺设计三部分组合而成。

款式设计是基础，它详细表述了服装的款式风格、外部造型和内部结构，为后续服装结构设计奠定了基础。结构设计过程是服装工程的重要环节，需要设计者具备细致、耐心和对服装结构与人体造型关系的准确理解和把握。

结构设计过程将款式设计中所表达的服装外部轮廓、立体形态和细部造型分解成平面的衣片，表示出每个衣片的形状、数量以及衣片之间的组合关系，修正结构设计特殊部位衣片组合后的轮廓。例如前、后肩育克和腰育克的组合修正，或省道合并之后的轮廓修正等，改正不合理的结构关系；又如在不影响款式风格的基础上可以增加分割线或者省道线等，以达到节约用料的目的。

同时，结构设计又是工艺设计的前提和基础，为面料裁剪提供准确的模板，也为下一步各衣片之间组合缝制提供了必要的参考，因此服装结构设计在整个服装的设计制作中起到了承上启下的作用。

服装结构设计课程有别于其他专业课，强调严密的科学性与高度的实用性相结合，同时设计方法具有很强的技术性，必须通过大量实践才能得到深刻的理解和熟练的把握，强调操作能力的提高，而不是简单的记忆和重复，要有灵活变化纸样的能力和对于整体结构设计的深度理解和掌握，还要有与时俱进的眼光和见解，而不是一成不变和墨守成规。

一、基本概念

1.结构与纸样

（1）服装结构。一切能引起服装造型变化的内、外部缝制组合关系都称为服装结构。具体是指服装各组件和各层材料的外部几何形状和内部造型关系，包括服装各组件外部轮廓线之间的组合关系、组件的内部结构线以及各层服装材料之间的组合关系。

（2）服装结构制图。以人体体型、服装规格、服装款式、面料质地性能和工艺要求为依据，运用服装制图的方法，在纸上或在面辅料上画出服装衣片和零部件轮廓的平面结构图，这个过程就叫作服装结构制图。

（3）纸样。纸样是服装结构设计完成后的产物，是服装样板的统称，也称"样板""纸型""纸板"，指在纸张或者面辅料上绘制的服装结构图，包含裁剪和缝制所需要的各种技术符号。纸样的完成标志着服装设计进入实质性操作阶段。

纸样根据用途和使用对象不同，可以分为四类：一是用于大批量生产的各种型号的工业化纸样，是我们最常见的一种纸样；二是定制服装纸样，这种纸样根据某一个人各个部位的具体尺寸绘制而成，因此具有独一无二的特点，往往只适合这一个人使用，定制出的服装适体性较强；三是家庭纸样，也称"样子"，是根据经验绘制出简易纸样，一般轮廓较为简单；四是具有社会组织性或团队标志的纸样，如宽松舒适且适于运动的队服、合体美观的迎宾服、整齐划一的校服等。

2. 结构制图方法

（1）服装裁剪。服装裁剪的方法有两种，即平面裁剪和立体裁剪。平面裁剪是指分析设计图所表现的服装造型结构的组成数量、形态吻合关系等，通过结构制图和某些直观的实验方法，将整体结构分解成基本部件的设计过程，是最常用的结构构成方法。平面构成法中常用的两种制图方法是比例法和原型法。立体裁剪是指直接将面辅料覆合在人体和人体模型上进行剪裁，并将整体结构分解成基本部件的设计过程，常用于款式复杂或悬垂性强的面料。

（2）比例法。比例法也称直接制图法，是按照相应的公式、比例、经验值，依据人体各部位尺寸如肩宽、胸宽、背宽、袖窿宽、背长、衣长、袖窿深等直接进行服装结构制图的方法。

（3）原型法。原型法是指成衣结构制图过程以原型为基础，以服装成品规格为依据，对比分析原型尺寸和成品尺寸，并在原型的基础上，经过一系列长度和围度上的变化，以达到符合成品规格要求的制图过程。

3. 各类线条

（1）基础线条。基础线条是服装制图过程中使用的各种横向、纵向和斜向的基本线条，一般不是最终的轮廓线条，而是辅助线。

（2）结构线。结构线是指能引起服装造型变化的服装组件的外部和内部缝合线的总称。例如，止口线、衣身领窝线、衣身袖窿弧线、衣身侧缝线、省道线、分割线、褶裥线、下装腰围线、上裆线、内裆弧线、领底线、领上口线、领外轮廓线、袖山弧线、袖侧缝线、袖摆线、衣摆线等。

（3）轮廓线。轮廓线是指构成成型服装及其各组件的外部造型线条。例如，领子轮廓线、袖子轮廓线、衣身轮廓线、烫迹线、褶裥线等。

4. 各类图示

（1）示意图。示意图是指解释服装各部位和各线条名称、服装组件的构成、服装缝制时的缝合状态、缝迹类型以及服装成品的外部和内部造型的一种图示，在款式设计和工艺设计之间起到衔接和沟通的作用。示意图可以详细描述或表示衣片的形状、相对大小、衣片与衣片之间的组合关系，可以描述各部位结构和缝制的基本原理，也可以描述某个工艺过程的要求等。

（2）效果图。效果图也称时装画，是一种为表达服装的设计构思以及最终穿着效果的彩色服装画。它一般着重体现款式色彩、服装廓型以及造型风格，主要表达设计者的艺术设计思路和宣传展示效果。

（3）款式图。款式图指服装造型图，是表达款式造型和各部位加工要求的单线墨稿，要求比例协调，造型准确，工艺具体。

二、部位术语

1.肩部

肩部指人体肩端点至侧颈点之间的部位。

（1）总肩宽。总肩宽是指自左肩端点经过 BNP（后颈点）至右肩端点的长度。

（2）横肩宽。横肩宽也称"自然肩宽"，是指自左肩端点至右肩端点的横向距离。

（3）单侧肩宽。单侧肩宽是指自 BNP（后颈点）至单侧肩端点的长度。

（4）前过肩。前过肩是指前衣身断开处至肩线（无肩缝）之间的部位。

（5）后过肩。后过肩是指后衣身断开处至肩线（无肩缝）之间的部位。

（6）肩袢。肩袢是装饰在服装肩部的小袢。肩袢通常没有实用功能，只作为装饰或标志使用，如职业服及军服上面的肩袢。

2.胸部

（1）领窝。领窝是指前、后衣身与领身缝合的部位。

（2）搭门。搭门是指在衣身前中线左右重叠的部分，又称交门、叠门。不同款式的服装，其搭门量不同，范围在 1.5~8cm。一般是服装衣料越厚重，使用的纽扣越大，则搭门尺寸越大。

（3）门襟和里襟。这是指搭门处相互重叠的部分，位于外层的为门襟，位于里层的为里襟。

（4）门襟止口。门襟止口指衣服的边沿，其形式有连止口与加挂面两种形式。一般加挂面的门襟止口较坚挺，牢度也好。止口上可以缉明线，也可以不缉。

（5）回口。回口是指面料的边沿或服装的止口出现松弛或起伏的现象。

（6）搅盖。搅盖是指搭门下端左右重叠超过原定搭门规格很多的现象。

（7）豁盖。豁盖是指搭门下端左右重叠量很少，甚至左右分开的现象。

（8）劈门。劈门是指前幅领口处至袖窿深线与止口线的交合处撇进的量，又称撇胸、撇门。

（9）扣眼。扣眼是指纽扣的眼孔，有锁眼和滚眼两种，锁眼根据扣眼前端形状分圆头锁眼和方头锁眼。扣眼排列形状一般分纵向排列与横向排列两种，纵向排列时扣眼正处于叠门线上，横向排列时扣眼要在止口线一侧并超越叠门线 0.3cm 左右。

（10）眼档。眼档是指扣眼间的距离。眼档的制定一般是先确定好首尾两端扣眼位置，然后平均分配中间扣眼的位置，根据款式需要也可间距不等。

（11）串口。串口是指驳头面和领面相结合的缝子。

（12）贴边。贴边是指服装边沿做折转缝光的那一部分面料。

（13）过面。过面也称挂面，指门里襟反面的贴边。

（14）侧缝（摆缝）。摆缝是指缝合前、后衣身的缝子。

3. 后背部

（1）背缝。背缝又称背中缝，是为做出合体造型或款式需要，在人体后中线位置设计的衣片合缝。

（2）背衩。背衩也称背开衩，指在背缝下部的开衩。

（3）摆衩。摆衩又称侧摆衩，指侧摆缝下部的开衩。

（4）后搭门。后搭门指门里襟开在后背处的搭门。

（5）后领省。后领省指开在后领窝处的领省，多呈八字形。

（6）后肩省。后肩省指开在后身肩部的省道。

（7）后腰省。后腰省指开在后腰部的省道。

4. 衣领部

（1）领嘴。领嘴是领底口末端到门里襟止口的部位。

（2）驳头。驳头是门襟、里襟上部随衣领向外翻折的领子部分。

（3）平驳头。平驳头是与上领片的夹角成三角形缺口的方角驳头。

（4）戗驳头。戗驳头是驳角向上形成尖角的驳头。

（5）串口线。串口线是领面与驳头面的缝合线，也称穿口线。

（6）驳口。驳口是驳头里侧与衣领的翻折部位的总称，驳口线也称翻折线，是衡量驳领制作质量的重要部位。

（7）驳点。驳点是驳领下面在止口上的翻折位置，通常与第一粒纽扣位置对齐。

（8）缺口。缺口又称缺嘴或领缺嘴，即驳领的驳头与领子之间的缺口。

（9）领襻。领襻是领子或领嘴处装的小襻。

（10）吊襻。吊襻是装在衣领处挂衣服用的小襻。

5. 下装部位

（1）上裆。上裆又叫直裆或立裆，指腰头上口到横裆间的距离或部位。

（2）横裆。横裆是指上裆下部的最宽处，对应人体的大腿围度。

（3）中裆。中裆是指脚口至臀部距离的1/2处，是裤筒造型的重要部位。

（4）下裆。下裆是指横裆至脚口间的部位。

（5）脾围。脾围是指大腿围。

（6）落裆。落裆是指裤后横裆线向下（左）平移的距离。

（7）后翘。后翘是指裤后片的腰口线与上裆线交合处，由运动及工艺需求所放出的量。

（8）烫迹线。烫迹线又称挺缝线或裤中线，指裤腿前后片的中心直线。

（9）翻脚口。翻脚口是指裤脚口往上外翻的部位。

（10）裤脚口。裤脚口是指裤腿下口边沿。

（11）侧缝。侧缝是指在人体侧面，裤子前后身缝合的外侧缝。

（12）脚口折边。脚口折边是指裤脚口处折在里面的连贴边。

（13）下裆缝。下裆缝是指裤子前后身缝合从裆部至裤脚口的内侧缝。

（14）腰头。腰头是指与裤子或裙身缝合的带状部件。

（15）腰上口。腰上口是指腰头的上部边沿部位。

（16）腰缝。腰缝是指腰头与裤或裙身缝合后的缝子。

（17）腰里。腰里是指腰头的里子。

（18）腰省。腰省是指前、后衣身为了符合人体曲线而设计的省道，省尖指向人体的突起部位，前片为小腹，后片为臀大肌。

（19）裥。裥是指前身在裁片上预留出的宽松量，通常经熨烫定出裥形，在装饰的同时增加可运动松量。

（20）小裆缝。小裆缝是指裤子前身小裆缝合的缝子。

（21）后裆缝。后裆缝是指裤子后身裆部缝合的缝子。

（22）腰袢。腰袢是指装在腰部的、为了穿入腰带用的小袢。

（23）腰带。腰带是用于束腰的带子。

（24）线袢。线袢是指用粗线打成的小袢，多在夏装连衣裙上使用。

（25）耳朵皮。耳朵皮是指在西装的前身挂面里处，为做里袋所拼加的一块面料。

（26）滚条。滚条是指包在衣服边沿（如止口、领外沿与下摆等）或部件边沿处的条状装饰部件。

（27）压条。压条是指压明线的宽滚条。

（28）袋盖。袋盖是指固定在袋口上部的防脱露部件。

6. 省

服装中省的作用，是以缝合部分衣片的方式处理掉平面的面料包裹立体的人体时所产生的多余量。省是指为适合人体或款式需要，通过捏进、折叠和缝合一部分面料（按照特定的形状）的技术手段，让面料形成隆起的立体效果，目的是制作出衣片的曲面状态，使衣片与人体状态吻合。省由省底和省尖两部分组成。一般地，根据省底所在的位置可以将省道分为以下几种。

（1）肩省。肩省是指省底在肩缝部位的省，形态常呈钉子形，省大一般不超过1.5cm。有前肩省和后肩省之分。前肩省省尖指向胸凸部位，以作出胸部隆起状态，同时可以收掉前中线处需要撤去的部分余量；后肩省省尖指向肩胛处，以作出背部隆起状态。

（2）领省。领省是指省底在领窝部位的省，形态常呈钉子形。领省一般用在合体连身领的结构设计中，作用是制作出胸部和背部的隆起状态，优点是隐蔽而美观，同时又不会破坏领肩部的整体性。领省可由肩省转移而来。

（3）袖窿省。袖窿省是指省底在袖窿部位的省。袖窿省是指省底设计在袖窿弧线上的省，分为前袖窿省和后袖窿省，目的是为作出前胸和后背的自然隆起状态。袖窿省形态一般为锥形，常与腰省连接成通省，即"连省成缝"。

（4）侧缝省。侧缝省是指省底在侧缝部位的省，常呈锥形，主要用于前衣身，制作出胸部隆起的状态。

（5）腋下省。腋下省是指前侧缝上靠近腋下处开的省道，实质属于侧缝省。

（6）腰省。腰省是指省底在腰部的省，常呈锥形、钉子形或菱形，是前、后衣身为作出合体卡腰状态最常用的省道。

（7）肋下省。肋下省是指省底在肋下部位处的省（侧缝处靠近腰部位置），使服装均匀地卡腰，呈现人体曲线美。

（8）肚省。肚省是指省底在前衣身腹部的省。常用于腹部凸起的中年人士的合体西装和大衣结构设计，可使衣片作出适合人体腹部的饱满状态，且一般隐藏在大袋开口处，巧妙的设计可以使省道处于隐蔽状态。

（9）肘省。肘省是指袖子肘部的省道，作用是适当形成肘部的凸起和袖型的弯曲。

（10）横省。横省是指腋下摆缝处至胸部的省道。

（11）通省。通省也称通天落地省，指从肩缝或袖窿处通过腰部至下摆底部的开刀缝。例如，公主线便属于通省，在视觉造型上表现为展宽肩部、丰满胸部、收缩腰部和放宽臀摆的三围造型效果。

（12）刀背缝。刀背缝是指一种外形如刀背的通省或开刀缝。例如，公主缝、公主线、公主褶等。

另外，根据省道的整体形状还可以将省道分为钉子省、锥形省、菱形省（枣核省）、开花省、弧线省等。

7. 褶

实际上，褶分为人工褶和自然褶。我们平时所说的褶就是自然褶，它是指为符合体型和造型需要，将部分衣料缝缩而形成的自然褶皱。

8. 裥

裥属于一种人工褶，是指为适合体型及造型的需要，将部分衣料折叠熨烫而成，由裥面和裥底组成。按折叠的方向不同可分为阴裥、明裥和顺裥，其中，左右相对折叠，两边呈活口状态的称为阴裥；左右相对折叠，中间呈活口状态的称为明裥；向同方向折叠的称为顺裥。

9. 分割缝

为作出合体造型或因款式需要，将衣身、袖身、裙身、裤身等衣片分割成两片或多片的缝子。一般按方向和形状命名，如刀背缝，也有历史形成的专用名称，如公主缝。在为作出合体状态而设计的分割缝中，常在腰间包含着省量，使分割缝不仅在造型上美观，同时具有了收腰合体的功能意义。

10. 衩

衩是为使服装穿脱方便、行走自由或纯粹造型需要而设计的开口形式。位置不同名称也不同，如位于背缝下部称背衩，位于袖口部位称袖衩，位于前、后中线部位称作前开衩或后开衩，位于臀围以下侧缝处称为侧开衩，如旗袍侧开衩等。

11. 塔克

塔克源于英语"tuck"，是指服装上有规则的装饰褶子，是将衣料折成连口后缉细缝，起装饰作用。一般褶底缉死，而褶的开口敞开呈立体状态。塔克常用于半身裙或牛仔外套等。

12. 其他

（1）吃势。吃势是为了作出某部位的弧线造型，将此部位均匀缩缝又不起皱褶，缩缝的量即为吃势，如袖山吃势、后肩吃势等。吃势大小根据不同部位的弧度而定，还与面料的厚度、材质有关。

（2）凸势。凸势是指弧线曲率最大处向外凸起的尺寸，如袖山凸势。

（3）凹势。凹势是指弧线曲率最大处向内凹进的尺寸，如领凹势、腰节凹势等。

（4）翘势。翘势是在水平线端点处提高做弧线所抬高的量，又称起翘。

（5）劈势。劈势是指衣片折角处修去的量，如底摆劈势。

（6）刀眼。刀眼又称剪口，是在衣片缝份边沿所做的对位缝合的剪口。

（7）袋牙。袋牙是袋口处长方形的双层布块，也称兜板，有单袋牙、双袋牙之分。

（8）出手。出手是中式服装的俗语，从后颈中点即第七颈椎点至袖口的长度。

（9）丝缕。丝缕是指织物的经向和纬向，有直丝缕、斜丝缕、横丝缕之分。

（10）窝势。窝势是指部件朝里弯的造型。

（11）平服。平服是指平整服帖。

（12）瘪落。瘪落是指衣身或衣袖弧线部位不够饱满自然而瘪进的部分。

（13）育克。育克是指衣片拼接的部分，如肩育克、腰育克等。

（14）门幅。门幅也称"幅宽"，指面料的纬向宽度。

（15）登边。登边是指夹克衫下面的沿边。

（16）抬头。抬头是指大腹体西裤前片腰口线处在上裆线与腰口线上部翘高一些。

（17）前幅。前幅是指前衣身。

（18）后幅。后幅是指后衣身。

（19）缝份。缝份也称"子口"。

三、部件术语

1. 衣身

衣身是指覆合于人体躯干部位的服装部件，是服装的主要部件。

（1）前衣身。前衣身是指衣身结构中的前片。

（2）后衣身。后衣身是指衣身结构中的后片。

2. 衣领

衣领（包括圆领、V领、方领、立领、翻领等领型），是指覆于人体颈部的服装部件，起保护和装饰作用，广义上包括领身和与领身相连裁的衣身部分，狭义上单指领身。

领身安装于衣身领窝上，包括以下几个部分：

（1）领上口。领上口是领子外翻的翻折线。

（2）领下口。领下口是领子与衣身领窝的缝合部位。

（3）领外口。领外口是领子的外沿部分。

（4）领里口。领里口是领上口至领下口之间的部位。

（5）领座。领座也称"底领"，是领子自翻折线至领下口的部分。

（6）翻领。翻领是领子自翻折线至领外口的部分。

（7）领串口。领串口是领面与挂面的缝合部位。

（8）领豁口。领豁口是领嘴与领尖间的最大距离。

3. 衣袖

衣袖是指覆合于人体手臂的服装部件。有时提起衣袖也包括与衣袖相连的部分衣身，衣袖缝合于衣身袖窿处。其中，圆袖也称装袖，指在臂根围处与大身衣片缝合连接的袖型。衣袖包括以下几个部分：

（1）袖山。袖山是指衣袖上部与衣身袖窿缝合的凸起部位。

（2）袖深。袖深是袖山的高度。

（3）袖窿。袖窿也称袖孔、夹圈，是大身装袖的部位。

（4）袖缝。袖缝是指衣袖的缝合缝，按所在部位分前袖缝、后袖缝、中袖缝、侧袖缝。

（5）大袖。大袖是指衣袖的大片。

（6）小袖。小袖是指衣袖的小片。

（7）袖口。袖口是指衣袖下口边沿部位。

（8）袖克夫。袖克夫也称袖头，是缝在袖口的部件，起束紧和装饰作用，取自英语"cuff"的译音。

（9）双袖头。双袖头是指外翻的袖头。

（10）袖开衩。袖开衩是指袖口部位的开衩。

（11）袖衩条。袖衩条是指缝在袖开衩部位的斜丝缕的布条。

4. 口袋

口袋是指插手和盛装物品的部件。

5. 袢

袢是指起扣紧、牵吊等功能和装饰作用的部件，由面料或缝线制成。

6. 腰头

腰头是指与裤身、裙身缝合的部件，起固定和护腰作用。

四、结构制图术语

1. 衣身线条

（1）衣身基础线。前、后衣身的基础线大约有18条，详见图1-1所示。

（2）衣身结构线。前、后衣身的结构线共有10条。①领窝弧线，②肩线，③袖
窿弧线，④背缝弧线，⑤侧缝弧线（摆缝线），⑥底摆线（底边线），⑦门襟止口线，
⑧省道线，⑨驳折线，⑩门襟圆角线（图1-1）。

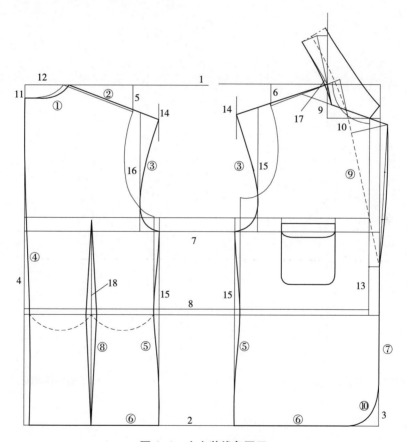

图1-1　女上装线条图示

1—上平线　2—衣长线　3—止口线　4—后背中心线　5—后落肩线　6—前落肩线　7—袖窿深线　8—腰线
9—前领窝深线　10—前领窝宽线　11—后领窝深线　12—后领窝宽线　13—搭门线　14—肩宽线
15—前胸宽线　16—后背宽线　17—领底直线　18—省中线

2. 衣领线条与口袋线条

（1）衣领基础线与口袋基础线。衣领基础线与口袋基础线请参考图1-1衣身基础线。

（2）衣领结构线与口袋结构线。①翻领上口线（领中线），②翻领外口线（领外轮廓线），③领座上口线，④领座下口线（领底线），⑤领角线，⑥驳头止口线，⑦袋口线，⑧口袋边线，如图1-2所示。

3. 衣袖线条

（1）衣袖基础线。衣袖基础线共有12条。1—袖基本线，2—袖长线，3—袖中线，4—落山线，5—前袖侧缝直线，6—后袖侧缝直线，7—前袖侧缝斜线，8—后袖侧缝斜线，9—袖肘线，10—前袖山斜线，11—后袖山斜线，12—袖口省中线（图1-3）。

（2）衣袖结构线。衣袖结构线共有5条。①袖山弧线，②前袖缝弧线，③后袖缝弧线，④袖口弧线，⑤后袖分割线（图1-3）。

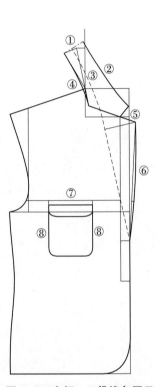

图1-2　衣领、口袋线条图示

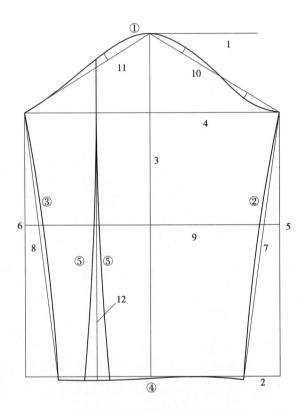

图1-3　袖子线条图示

4. 裤身线条

（1）裤身基础线。前后裤片基础线共有12条。1—裤基本线，2—裤长线，3—横裆线，4—落裆线，5—中裆线，6—烫迹线，7—裤侧缝直线，8—前裆线，9—腰围线，10—后裆斜线，11—臀围线，12—小裆宽线（图1-4）。

（2）裤身结构线。前后裤片结构线共有10条。①裤侧缝线，②下裆线，③前裆弯线，④后裆弯线，⑤腰缝线，⑥脚口线，⑦褶线，⑧侧袋开口线，⑨后袋开口线，⑩裤腰省线（图1-4）。

（3）腰头、门襟、里襟结构线。腰头和门襟、里襟结构线共有6条。①腰头上口线，

②腰头下口线，③门襟止口线，④门襟外口线，⑤里襟止口线，⑥里襟外口线（图1-5）。

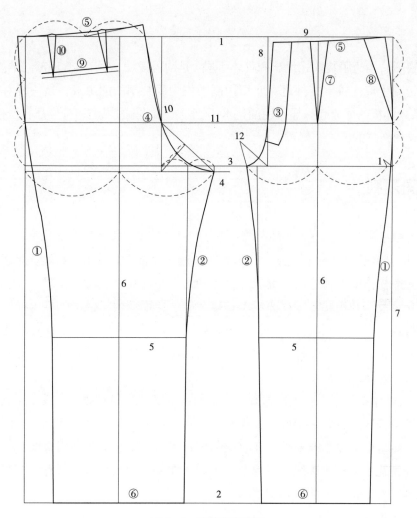

图1-4　裤装线条图示

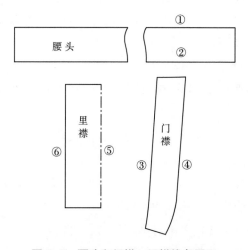

图1-5　腰头和门襟、里襟线条图示

第二节　制图规则、制图符号与制板工具

服装制图是表达服装款式设计的具体手段，是沟通设计、生产、管理部门的技术语言，是组织和指导生产的技术文件之一。结构制图作为服装制图的组成，是一种对标准样板的制定、系列样板的缩放起指导作用的技术语言。结构制图的规则和符号都有严格的规定，以便保证制图格式的统一、规范。

一、制图规则

1. 制图顺序

（1）从总体来看，先作衣身，后作部件；先作大衣片，后作小衣片。对于比例分配法来说，一般先作前衣片，后作后衣片、大袖片、小袖片、领面、大袋、小袋等。这样便于合理套裁及节约用料，可在面料上直接裁剪，速度较快，也可先打出纸样，再铺到面料上进行裁剪。对于原型法来说，一般先画后衣片，再画前衣片，并且结构制图首先都是在纸上进行，然后用画好的纸样进行排料、算料，这样算料较准确，但从制图到裁剪速度不如比例分配法快。

（2）对具体衣片来说，先作基础线，再作内部结构线和外部轮廓线。比例分配法在作基础线和结构线时也有一定顺序：先横后纵，先定长度，后定宽度，由上而下，由左而右进行，然后根据轮廓线要求，在有关部位标出若干工艺点，再用直线、斜线、弧线准确连接各工艺点形成轮廓线。对原型法来说，原型板上的线就是所有结构线，在此基础上再根据款式要求进行变化作出轮廓线。

2. 制图尺寸和线条

对比例分配法来说，一般使用的尺寸是服装成品规格尺寸（包含放松量），即各主要部位（控制部位）的实际尺寸。但原型法制图时须知道穿衣者的胸围、臀围、腰围、背长等重要部位的净尺寸。尺寸单位统一以厘米（cm）为单位。

服装结构图中各种线条有具体不同的示意。常用的线条有粗实线、细实线、点划线、双点划线、虚线五种，各种制图用线的形状、作用都不同，各自代表约定俗成的含义。

（1）粗实线。粗实线代表结构线，也是纸样的裁剪线（省线、褶线、口袋等内部结构线除外）。

（2）细实线。细实线代表基础线，一般不会是纸样的轮廓线。

（3）点划线。点划线代表对称衣片连裁线。

（4）双点划线。双点划线代表不对称衣片的连裁线。

（5）虚线。虚线表示衣片重叠部位的轮廓。

3.制图方法

（1）净缝制图。净缝制图是按照服装款式和尺寸的要求制图，纸样中不包括缝份和贴边，按图形剪切样板和衣片时，必须另加缝份和贴边宽度，净缝是女装和童装所通用的，因其式样千姿百态，缝法各异。

（2）毛缝制图。毛缝制图即在制图时已包含缝份和贴边宽度，裁剪时只需按毛边线剪下，缝份统一。毛缝制图多适用于男装及内衣，因其式样变化不大，缝法也统一。

（3）部件详图。部件详图是对某些缝制工艺要求较细致、结构较复杂的服装部件画详细解释图示，以补充说明作为缝纫加工时的参考。

（4）排料图。排料图是记录服装用料裁剪前的样板铺排方式，用于指导用料裁剪工作。可使用人工或计算机辅助排料系统进行样板的铺排，将按照其中最合理、最省料的排列方式进行用料裁剪。排料图可采用 10∶1 的缩比绘制，图中注明衣片的布纹经纱方向、用料门幅宽度和用料长度，必要时还需在衣片中注明该衣片的名称和裁剪片数等详细信息。

本书为了清楚地说明服装结构，所有结构图均采用净缝制图（在比例分配法中有时为了说明折边宽的不同而画出了折边宽）。

4.制图比例

制图比例分为等比、缩比、倍比三种。

（1）等比。等比即 1∶1，用于实际服装产品生产。

（2）缩比。缩比即缩小制图，有时由于版面不够而采用这种制图形式，如画排料图时可缩小制图。常用比例为 1∶5，有时也用 1∶3 的比例进行制图。

（3）倍比。倍比制图一般用在结构图中需强调说明的部分。

在同一结构图中，应采用相同的比例，并将比例标注清楚，可标注在尺寸规格表中或表注中；如同一结构图中，采用不同的比例时，必须在部件的左上角标明比例。

5.字体

图纸中的文字、数字、字母标注都要做到规范、完整、准确、清晰。字体工整，笔画清楚，间隔均匀，排列整齐。字体高度（用 h 表示）不应小于 3.5mm，其字宽一般为 $h/1.5$。字母和数字可写成斜体或直体。斜体字字头应向右倾斜，与水平基准线成 75°，用作分数、偏差、注脚等的数字及字母，一般应采用小一号字体。

6.尺寸标注

（1）基本规则。服装各部位和零部件的实际大小以图样上所注的尺寸数值为准。图纸中的尺寸，一律统一单位，一般以 cm 为单位。服装制图部位、部件的每个尺寸一般只标注一次，并应标注在该结构最清晰的图形上。

（2）尺寸标注线、数字或公式。尺寸线用细实线绘制，其两端箭头应指到尺寸界线处。制图结构线不能代替尺寸标注线，一般也不得与其他图线重合或画在其延长线上

（图1-6）。

尺寸标注线有内、外之分。外部尺寸标注线使用单箭头或双箭头注寸线表示，标注结构图外部尺寸时，竖直距离的尺寸数字一般应标注在尺寸线的中间；水平距离的尺寸数字一般应标注在尺寸线的中间或上方中间，如图1-6中背长和胸围的表示方法。内部尺寸标注可直接自被标注线条两端引出细实线来表示。例如，要标注结构图内部较小尺寸时，可用细实线自线段两端引出相交的直线，呈三角形，然后自三角形顶角引出水平线，将数字标注在水平线上即可；又如所要标注内部线段距离允许的话，还可以自线段两端引出自由弧线或直线，中间断开，插入数字即可，如图1-6中胸宽和背宽的表示方法。

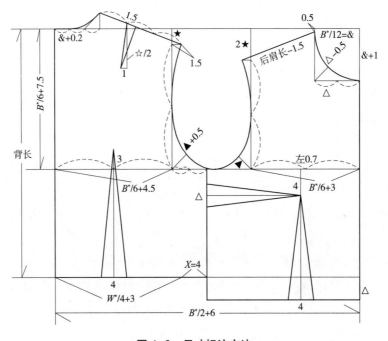

图1-6 尺寸标注方法

内部尺寸标注线不可被任何图线所通过，当无法避免时，应将尺寸标注线断开，用弧线表示，尺寸数字就标注在弧线断开的中间位置。

二、制板工具

1. 工作台

工作台是指制板、裁剪、缝纫用的工作台，一般高为80~85cm，长为130~150cm，宽为75~80cm，台面要平整。

2. 工具笔

（1）铅笔。实际尺寸作图时，制基础线选用 F 或 HB 型铅笔，轮廓线选用 HB 或 B 型铅笔；缩小作图时，制基础线选用 2H 或 H 型铅笔，轮廓线选用 F 或 HB 型铅笔；修正线宜选用带色铅笔。目的是方便区分辅助线、结构线和修改线。

（2）绘图墨水笔。绘图墨水笔是指绘制基础线和轮廓线的自来水笔，特点是墨迹粗细一致，墨量均匀，其规格根据所画线型宽度可分为 0.3mm、0.6mm、0.9mm 等多种。

（3）鸭嘴笔。鸭嘴笔是指绘墨线用的工具，通常指"直线笔"。

（4）高温消失笔。高温消失笔是指在一定温度下笔迹完全消失，不留一点痕迹。传统的水银笔，画线后需要清洗，清洗的工作复杂，而且需要大量人工，效率较低。高温消失笔不需要人工清洗，达到一定温度后线迹会自动完全消失。

（5）划粉。划粉是指用于在衣料上画结构图的工具。粉线以易拍弹消除的质量为佳。画线方便易操作，清晰明确。缺点是衣片相互接触摩擦可使粉印变得模糊不清。

（6）蜡质划粉。蜡质划粉是指材质是用蜡做成的划粉，其特点是不起粉末，在服装制作过程中不易模糊，缺点是线迹不如普通划粉清晰，遇高温线迹会消失。

3. 尺具

（1）直尺。直尺是指绘制直线及测量较短直线距离的尺子。

（2）弯尺。弯尺是指两侧成弧线状的尺子，用于绘制侧缝、袖缝等长弧线，使制图线条光滑。

（3）角尺。角尺是指两边成 90° 的尺子，只有两个边，有内置刻度和外置刻度。内置刻度单位是 cm，是服装制板常用尺度。外置刻度为公制刻度。刻度有长短之分，一般有 16.5cm 的短尺，也有 35cm 的长尺。反面有分数的缩小刻度，质地有塑料、木质两种。角尺多用于绘制垂直相交的线段。

（4）软尺。软尺是指以公制为计量单位的尺子，长度为 100cm，质地为木质或塑料，多用于测量和制图。

（5）三角板。三角板是指三角形的尺子，一个角为直角，其余角为锐角，质地为塑料或亚克力板。

（6）比例尺。比例尺是指绘图时用来度量长度的工具，其刻度按长度单位缩小或放大若干倍。常见的有三棱比例尺，三个侧面上刻有六行不同比例的刻度。

（7）曲线板。曲线板是指绘曲线用的薄板。服装结构制图使用的曲线板，其边缘曲线的曲率要小，应备有适用于袖窿、袖山、侧缝、裆缝等部位的曲线。

（8）自由曲线尺。自由曲线尺是指可以任意弯曲的尺，其内芯为扁形金属条，外层包软塑料，质地柔软，常用于测量人体的曲线、结构图中的弧线长度。

（9）丁字尺。丁字尺是指绘直线用的丁字形尺，常与三角板配合使用，可以绘制出

50°、95°、66°、75°、90° 等角度线和各种方向的平行线、垂线。

4.绘图纸

（1）牛皮纸。牛皮纸是指服装制图最常用的纸，通常呈黄褐色，半漂或全漂的牛皮纸浆呈淡褐色、奶油色或白色。裂断长一般在 6000m 以上，抗撕裂强度和动态强度较高。服装用牛皮纸多以张为单位，一般每张大小约为 78cm×109cm，有厚薄之分，还可用作包装材料。

（2）样板纸。样板纸是指制作样板用的硬质纸，用数张牛皮纸经热压黏合而成，可久用不变形。

（3）白板纸。白板纸也称白卡纸，是一种较厚实、坚挺的由优质木浆制成的白色卡纸，经压光或压纹处理，分为纸张、卡纸、纸板。白板纸表面平滑，经过压光，挺度厚实，也称白纸板。

5.裁剪工具

（1）裁布剪刀。裁布剪刀是剪切纸样或面辅料的工具。有 22.9cm（9 英寸）、25.4cm（10 英寸）、27.9cm（11 英寸）、30.5cm（12 英寸）等数种规格，其特点是刀身长、刀柄短、捏手舒服。

（2）花齿剪。花齿剪是刀口呈锯齿形的剪刀，可将布边剪成三角形花边，多用于剪布样。

（3）纱剪。纱剪是用于缝制时剪断纱线或修剪半成品的线头。

6.其他

（1）圆规。圆规是画圆用的绘图工具。

（2）分规。分规是常用来量长度或两点距离和等分直线或圆弧长度的绘图工具。

（3）大头针。大头针是固定衣片用的针，常用于试衣补正、服装立体裁剪。

（4）锥子。锥子是剪切时钻洞做标记的工具，或熨烫较尖的省尖时用来撑起省尖熨烫，以便于将省尖部位熨烫平服。

（5）滚轮。滚轮是服装制板的常用工具，通过滚轮在纸样上滚动留下线迹，便于样板的拷贝。

（6）人台。人台是有半身或全身的人体模型，主要用于造型设计、立体裁剪、试样补正。我国的标准人体模型均采用国家号型标准制作，种类有男、女、儿童等；质地有硬质（塑料、木质、竹质）、软质（硬质外罩层海绵）；其尺码有固定尺码和活动尺码两种。

三、制图符号与代号

1.服装结构制图符号

常用服装结构制图符号如图 1-7 所示。

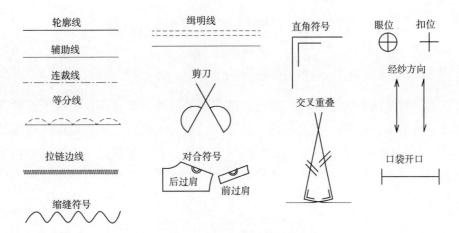

图 1-7 常用服装制图符号

2.服装制图代号

服装结构制图中的主要部位代号见表 1-1。

表 1-1 服装制图代号

序号	部位名称	代号	序号	部位名称	代号
1	胸围	B	20	前颈点	FNP
2	胸围线	BL	21	后颈点	BNP
3	下胸围线	UBL	22	侧颈点	SNP
4	前胸宽	FW	23	肩宽	S
5	后背宽	BW	24	袖长	SL
6	腰围	W	25	袖肥	BC
7	腰围线	WL	26	袖窿深	AHL
8	臀围	H	27	袖口宽	CW
9	臀围线	HL	28	袖窿弧长	AH
10	中臀围线	MHL	29	衣长	L
11	领围	N	30	前衣长	FL
12	领围线	NL	31	后衣长	BL
13	前领围	FN	32	股下长	IL
14	后领围	BN	33	裤长	TL
15	头围	HS	34	前中缝	CF
16	腿围	TS	35	后中缝	CB
17	脚口围	SB	36	肘线	EL
18	乳突点	BP	37	膝围线	KL
19	肩端点	SP	—	—	—

第三节 服装结构制图方法

服装结构制图的方法主要有三种：一是平面裁剪法，是直接在面料上画整件服装的各个部件然后进行裁剪，或先在纸上打好样，校对无误后，再将纸样放在面料上进行裁剪。平面裁剪的方法很多，主要有比例裁剪法、直接标注尺寸土原型裁剪法、基型裁剪法等。二是立体裁剪法。三是计算机辅助裁剪法。下面简略介绍几种常用的制图裁剪方法。

一、比例裁剪法

比例裁剪法又称胸度法，是我国传统的服装制图裁剪方法之一，服装各部件采用一定的比例再加减一个定数来计算。例如，前、后衣片的胸围用 $B/4 \pm$ 定数、$B/3 \pm$ 定数；裤子的臀围用 $H/4 \pm$ 定数来计算等。

比例裁剪法应用比较灵活，容易学会，无论穿着者的体型、尺寸大小不同，都能按这种比例的方法作图。目前服装行业样板的推档也主要使用比例公式来求得档差。但比例裁剪的计算公式准确性较差，中号尺寸计算还可以，过大或过小的规格尺寸误差就较大，对某些组合部位要进行一些修正。

二、原型裁剪法

原型裁剪法是指按正常人的体型，测量出各个部位的标准尺寸，用这个标准尺寸制出服装的基本形状，就叫服装的原型。服装的原型只是服装平面制图的基础，不是正式的服装裁剪图。

各个国家由于人体体型的不同，都有不同的原型。但原型的尺寸都是通过立体的方法采得的。无论是英国、美国、日本，服装的原型都是由上衣的前后片、袖子和裙子的前后片组成。

我国人体体型与日本较接近，国内出版的服装书刊也多应用日本原型裁剪法。日本的原型裁剪法主要有文化式、登丽美式等，文化式容易学习，传播最广，影响最大。另外，登丽美式在国内应用也比较广，近年来，我国服装行业的专家正在研究根据我国人体体型特点的结构制图法来促进我国服装行业的发展。

文化式又称胸度式，上衣只需要净胸围、背长两个参数，裙子需要净腰围、净臀围两个参数，它是以胸围为主要参数推算各部位尺寸（放松量女装为 10cm，童装为 14cm，男装为 16cm）。登丽美式又称短寸法，需要净胸围、背长、胸宽、背宽、小肩、领围、乳间距、袖长八个参数才能作出上衣的原型图（放松量女装为 8cm，男装为

16cm）。

文化式原型的主要优点是准确可靠，简便易学，可以长期使用。但它的不足之处是按正常人体绘制的，对于不同体型，必须对原型的某些部位做一些修正后，才能按修正过的原型进行制图裁剪。

三、基型裁剪法

基型裁剪法是在借鉴原型法的基础上提炼而成。基型裁剪法是由服装成品胸围尺寸推算而得，各围度的放松量不必加入，只需根据款式造型要求制定即可（原型法是以在人体净胸围基础上加放松量为基数推算而得，围度的放松量待放，还要考虑放松量和款式的差异因素）。基型裁剪法在我国起步较晚，暂未形成一套完整的理论体系，还有待于完善和提高。

四、立体裁剪法

立体裁剪法是将衣料（或坯布）覆盖在人体模型或真人身上，直接进行服装立体造型设计的裁剪方法。这种裁剪方法是在人体或人体模型上直接造型，要求操作者有较高的审美能力，运用艺术的眼光，根据服装款式的需要，一面操作，一面修改或添加，然后把认为理想的造型展开成衣片，拷贝到纸面上，经修改后，再依据这个纸样裁剪面料，有时也直接用面料在人体模型上造型，最后加工缝制。

立体裁剪没有计算公式，也不受任何数字的束缚，完全是凭直观的形象、艺术的感觉在人体上进行雕塑，"衣服不是靠尺寸来制作，是靠整个感觉来做的"。

立体裁剪不仅适用于单件高档时装和礼服的制作，还适用于日常生活服装及成衣批量生产的裁剪，对于特殊体型服装的裁剪，可通过立体造型的方法，来弥补人体体型上的缺陷和不足。在现代成衣生产中，常用平面制图与立体裁剪相结合的方法来设计时装款式。

五、计算机辅助裁剪法

计算机辅助裁剪法目前已广泛地应用于服装生产，是用服装 CAD 系统辅助制图裁剪，无论是精确度和速度，都是手工制图裁剪所不可及的。计算机辅助制图裁剪大幅地提高了服装成衣的生产效率，使之能适应现代化工业生产的需要。

利用计算机辅助制图，需要对人体的基本尺寸、衣片的结构方式及作图要求等条件建立数学模型，也就是用数学关系式描述衣片结构中的直线与直线、直线与曲线、曲线与曲线的不同组合关系，这样就能用计算机语言编制程序，输入计算机。在与计算机相连的绘图机或裁剪机上，就可以绘制出服装的裁剪图或裁剪出衣片来。计算机还可以合理地、精密地进行排料。

第四节　人体体型概述

在服装人体工程学领域，人们对体型的描述分为定性描述和定量描述。

一、体型定性描述

体型定性描述：观察人体整体或局部的体型状态，找出其主要特征并用语言或符号对这些形体特征加以描述。具体包括：

1. 整体体型语言符号描述

根据人体的肥胖程度来对整体体型描述，采用的术语为"肥胖体、中间体、瘦体"。向东在《特体服装结构与板型设计》一文中根据人体肥胖部位不同，将常见肥胖体细分成三类：上半身肥胖型、下半身肥胖型、上下身均肥胖型。

根据人体的外形轮廓来对整体体型分类，常采用的描述方式有以下几种。

（1）用年龄来描述。用年龄来描述是指根据不同的年龄阶段来分类，如少女型、青年型、少妇型、妇女型。

（2）用形状术语描述。用形状术语描述可概括为：椭圆型、圆型、漏斗型、菱型、长方型、直桶型、直尺型、三角型、倒三角型、勺型、圣诞树型、圆锥型。

（3）用字母或数字命名。用字母或数字命名的主要有O型、X型、H型、A型、T型等。

（4）用水果或蔬菜名称。用水果或蔬菜命名主要有苹果型、梨型等。

美国海伦·多琪（Helen Douty）博士为了使学生能有效地解决人体体型与服装合体性的问题，将人体的体型轮廓转化为简单的图形，并划分出了不同的人体体型，即著名的Douty体型。美国学者苏珊·阿斯顿等在Douty体型划分标准的基础上，改变了以往仅以腰围与胸围、臀围的比较区分体型的方式，而是通过对人体体格、体型、臀宽、肩型、前身型、后臀型、背部曲度、体态8个重要组成部分的造型进行分析，对原来仅有的漏斗型体型进行扩充，形成三个大的体型系统，再通过大规模的人体三维数据采集和专家分析，寻找出系统之间的关系。也有专家从运动需求和其他服装的大规模定制出发对女性人体进行了测量，并根据测量样本的平均值把人体体型归纳为AVH8O这5类：A表示三角型或梨型、V表示倒三角型或圆锥型，H表示矩型，8表示沙漏型，O表示钻石型或苹果型。卡拉·西蒙斯等人又研究分析了女性人体的三维扫描图，在5类体型基础上又补充了底部沙漏型（Bottom Hourglass）、顶部沙漏型（Top Hourglass）两类体型。不同类体型的语言描述、图形特征见表1-2。

表 1-2　体型的语言图形描述

体型	语言描述	体型	语言描述
沙漏型 8字型 X型	肩部与臀部宽度近似，腰较细，腰线明显	长方型 规则型 H型	肩部与臀部宽度相近，腰线不明显
三角型 梨型、勺子型、 A型	肩部比臀部窄，下身（臀部、腿部）较大，胸部较小或中等	底部沙漏型	介于沙漏型和三角型之间的体型
倒三角型 圆锥型、V型	肩部比臀部宽，上身较大，臀部相对较小	顶部沙漏型	该体型为介于沙漏型和倒三角型之间
椭圆型 圆型 钻石型 苹果型、O型	人体胸部至腹部区间围度较大，肩部、臀部、腿部相对较小	—	—

2.局部综合特征分类描述

根据人体某部位形态特征进行人体局部体型描述，采用的术语非常多样，如按照肩部形态特征分为平肩、标准肩、溜肩；按照背部形态特征分平背、正常背、圆背；按照臀位高低分低髋体、正常体、高髋体；按照人体前后平衡状态和人体侧面形态特征分反身体、正常体、后倾体；按照人体厚度分厚身体、标准体、扁平体等。由于人体整体形态所包含的信息量较少，局部形态特征分析对于深入、细致地了解体型具有重要意义，在体型与纸样关系研究中常常需要对人体局部体型特征分析和分类。

二、体型定量描述

体型定量描述，依据人体测量数据，通过数据或函数关系等对形体建立一定的模型，用数学语言表达形体，包括整体体型的量化和局部形态特征的量化。

1.整体体型的量化

（1）差值法。差值法是指用长度差、围度差等判别体型，因直观方便而被各国用于制定服装号型标准中的体型分类标准。常用的差值法包括以下3种。

①胸腰差。日本的工业标准（JIS）根据胸腰差16、14、12、10、8、4、0cm将成年

男子的体型分为 Y（肌腱）、YA（瘦体）、A（标准体）、AB（稍胖）、B（胖）、BE（肥胖）、E（特胖）7 种体型。我国的新服装号型标准 GB/T 1335—1997 中根据胸腰差将成年男女体型分成 Y、A、B、C 型 4 种。此方法简单易行，但分类结果不显著，无法区分各部位尺寸均较小的苗条型和与之相反的高大强壮型。

②臀腰差。日本的工业标准（JIS）根据臀腰差将女子体型分成 Y、A、B，其中 A 为平均臀腰差的标准体，Y 为臀围比 A 体型小 4cm，B 为臀围比 A 体型大 4cm。

③前后腰节差。前后腰节差是前颈腰长与后颈腰长的差，该数值能体现正常人与挺胸凸腹体或驼背体的差异。该方法能正确反映上体体型差别，但对下体差别不太敏感，且由于人体上侧颈点位置难以把握，容易产生测量误差，因此使用不方便。

（2）比值法。比值法可分为以下 5 种。

①围高比。关键部位的围度与人体身高的比值。

②宽高比。关键部位的宽度与人体身高的比值。

③纵向比例。关键部位的高度与人体身高的比值。

④围度比。关键部位的围度与人体腰围的比值，如胸腰比、臀腰比。

⑤宽度比。根据关键部位的宽度与人体腰部宽度的比值等判别体型。该方法主要被学者们在体型分类研究及体型特征研究中使用。

（3）体型指数法。体型指数法是指利用计算的方法，将形体中的一些数据加以比较，得出一个能既直观、又具体地表明体型特征的新数值，这种方法被称为体型指数。体型指数是根据被研究形体的侧重点而确定的，以下是运用较多的体型指数。此四项体型指数主要用于体质健康领域（表 1-3）。

表 1-3　常用的体型指数

体型指数	定义（体重 kg，身高 cm）	体型划分
皮 – 弗氏指数	［（体重 + 胸围）/ 身高］× 100	瘦型 ≤ 81.4，中间型 81.5~94.7，胖型 >94.7
罗氏指数	（体重 ÷3 身高）× 100	瘦型 ≤ 12.9，中间型 13~15，胖型 >15
达氏指数	（体重 ÷2 身高）× 100	瘦型 < 20，中间型 20~25，胖型 >25
皮氏指数	身高 –（胸围 + 体重）	瘦型 <50，中间型 50~55，胖型 >55

有学者根据服装业的实际应用需要（服装工业对于体型判别注重的是人体的形体轮廓，即体积因素，而与密度无直接关系），在 BMI（Body Mass Index）的基础上，定义了人体体积指数 BVI（Body Volume Index）：人体体积指数 BVI= 人体体积（cm^3）/ 身高 ^{2}（cm^2），该指数有效消除了人体密度差异对体型的影响。

2. 局部形态特征量化

局部形态特征的量化，主要在人体的正面、侧面轮廓图中，提取各部位的凹凸差值或角度值作为量化参数。

定性研究法能直观地观察人体，便于全面了解体型特征，但限于定性分析，没有归结到数据上，不易进行实际应用；定量描述法有直观性不强、数据处理工作量大的缺点，但能用数据归纳体型特点，便于操作，有较好的实践意义。因此，在体型研究中要注意两种方法结合起来，既能观察实际形状，又有可靠的数据，从而能准确把握体型。

三、人体肩部特征

人体肩部具有支撑服装、增加人体美和服装美的作用。服装的肩部既要满足于静态，也要适应于动态，服装肩部的设计就是要合理地处理这两者之间的关系。同时，服装肩部直接关系到上装整体风格的和谐与表现，影响到肩部造型、人体运动功能，而且会影响领、袖、大身的造型。因此，肩部结构平衡在服装中有至关重要的影响，它主要包括肩宽、肩斜度及肩线的结构平衡。

在此，我们只讨论肩斜度的结构平衡。人体肩部由上到下呈现一定的倾斜度，在服装人体测量时以肩斜度来表示这一部位的变化，即肩斜度是指侧颈点与肩点这两点连线和水平线的夹角。肩斜量是个不太稳定的值，其平衡主要考虑以下几个方面：人体自然肩斜度的大小、垫肩的厚度、横开领是否加大、前后肩斜度的分配、肩省等。

1. 人体肩部特征分析

人体肩端部呈球面状，前肩部呈双曲面状，肩头前倾，整个后肩呈弓形状（图1-8）。

（1）肩部形态分类。由于肩部斜方肌隆起程度的差异，导致人体形成3种不同类型的肩型。

①平面形肩部形态。平面形肩部形态是指颈围线侧颈点到颈窝前中点间较稳定，肩中部平坦，同时前肩突出也不明显，肩棱的前后面也平缓，是中性肩型，为男女常见的类型。

②上凸形肩部形态。上凸形肩部形态中部向上隆起，肌肉发达，经过锻炼的男性呈这种肩形的较多。

③下凹形肩部形态。下凹形肩部形态中部向下凹进，锁骨内侧的突出明显，肩棱呈马鞍形，侧颈点到颈窝前中点间下陷，这凹坑与肱骨头前面的皮下脂肪减少部位相连，使肱骨头部朝前方向突出更明显，结果肩前部形成凹凸的形态，形体偏瘦的女性中多见此类肩型。

（2）前后肩斜度。前后肩斜度的确定，必须考虑款式对肩部的造型、人体颈侧到肩端的厚度差、肩端距人体颈侧剖面的距离三方面的因素。一般情况

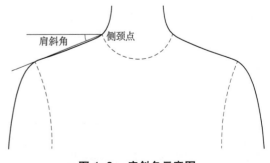

图1-8　肩斜角示意图

下，标准女子人体，前肩斜度为 21°，后肩斜度为 19°，即前肩斜度总是大于后肩斜度，如体现在服装上，使服装的前后肩斜度也不是平均分配的。而形成前、后肩斜度差的主要原因是为了防止人体肩部略微向前而造成肩缝向后偏斜，从而保证肩缝线正好落在肩部的中央位置。但是某些服装，为了达到外观造型的要求，采用前肩斜小于后肩斜的设计方法，如某男西装款式的设计，这样设计可以达到结构线隐蔽的要求，同时使肩部丰满，肩线过渡平缓。

为了符合人体自然肩斜度的需要，我们设计了服装的落肩。由图 1-9 可知，落肩、肩宽和肩斜度的关系为：落肩 =（肩宽 – 领宽）× tan（肩斜度）。而在实际操作中，我们是根据人体基本部位如肩部、颈部等处的数据来推算前、后衣片的肩宽、领宽和落肩，然后反过来计算肩斜度的大小。

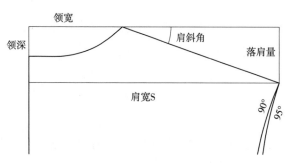

图 1-9　落肩、肩宽与肩斜度的关系

另外，由于在缝制前、后肩线过程中存在一定的吃势，即前肩需要拔开一定的量，后肩需要归拢一定的量，而且这个量由面料、样板、设备等因素所决定。对于正常人体而言，落肩的数值随着胸围的增大而略有增加，但不呈线性的正比关系。当落肩量为 0 时，肩平线与肩线重合，这种结构方法多用于中式服装及休闲服装中，这类服装不强调服装的肩部造型，体现的是一种自然随意、运动舒适的风格。

文化式女装原型的肩斜度与胸围的尺寸无关（图 1-10）。这是由于胸围的大小与肩

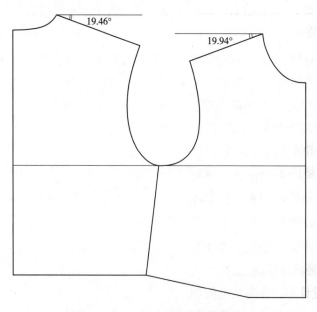

图 1-10　文化式女装原型肩斜度

斜度之间的关联度非常低，个体之间的差异较大，因此在原型肩斜设定的过程中，主要是以紧身原型的实验结果为基础。根据日本文化女子大学服装系 430 名学生的着装实验结果，平面展开图上的肩斜平均值分别是前肩 19.94°，后肩 19.46°。但考虑到可以适合更多的人，同时由于人体在运动过程中肩部会向上移动，为了便于运动，文化式原型在肩斜设定的过程中比测量所得的平均值取得略小些。

根据服装中肩线的倾斜度不同，一般分为正常肩型、平肩型、溜肩型 3 种造型（图 1-11）。

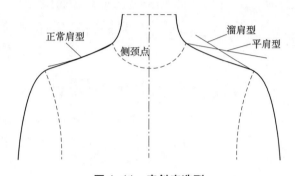

图 1-11　肩斜度造型

（3）肩斜度分类。肩斜度分类主要有以下 3 种。

①肩线倾斜度稍大型。肩线倾斜度稍大型是在颈侧点浮起，在肩端点处与人体肩部接触，这种肩线造型虽不影响颈部的运动，但导致服装在人体肩端处集中受压，服装整体缺少稳定性，领脚闭合性不好。

②肩线倾斜度缩小型。肩线倾斜度缩小型是在颈侧点接触，在肩端点处浮起，浮起量即为人体肩部与服装肩部的间隙量。此间隙量的设计正与人体肩部的运动相适应，但间隙量的大小一定要适当，过大会导致服装在人体颈部集中受压。

③曲线形肩线。曲线形肩线是最理想的肩线造型，在颈侧点稍有浮起，肩端点处呈浮起状态，肩线呈曲线造型。此种肩线既适应人体肩端处的运动特征，又不会对人体颈侧部产生过大压力。

此外，服装中垫肩的使用也会对肩斜度产生一定的影响。服装采用垫肩，是使服装达到平肩或翘肩的外观造型的手段之一（需要说明一下：主观测试实验时实验人体所穿羽绒服装是没有肩垫的）。它的原理是在人体自然落肩基础之上进行适当的调节，使服装的肩斜度减少。垫肩越厚，肩斜度越小，理论上垫肩的厚度每增加 X，落肩减少 X，但是由于面料和垫肩的弹性，落肩的减少量一般为 $0.7X$。即此时的落肩量 = 无垫肩时的落肩量 $-0.7 \times$ 垫肩厚 X。

2. 肩部结构的弊病分析

（1）肩斜度设计不合理。肩斜度设计不合理是指肩斜度过大，使服装的肩部造型与人体的实际体型不相符，导致外肩紧贴，颈肩点起空，领口荡起；相反，肩斜度过小，导致外肩点起空，服装在前胸近肩线处形成褶皱。

一般情况下，前肩斜度总是大于后肩斜度的，当后肩斜度过大时，肩缝出现后斜，致使前衣身被其牵拉向后部，使应呈前凹状的肩缝状态变形。

（2）横开领设计不合理。横开领设计不合理是指后横开领过小，使前衣身被后衣身拉向颈部，在前肩缝部位形成斜链形，后肩缝呈牵紧状，丝缕绷紧；相反，后横开领过大，致使后肩缝起空，服装在后肩线处出现褶皱。

了解肩部结构，并根据肩部的结构特征进行服装结构设计，是决定上装款式造型优劣的重要因素。在纸样设计时，应从肩部的倾斜度、肩宽设计、肩线造型以及其与领口、袖窿的关系等方面综合考虑，才能使服装的造型更加美观合体。

第五节　服装号型设计

一、号型标准

号型标准提供了科学的人体结构部位参考尺寸及规格系列设置，是服装设计和生产的重要技术依据，服装生产不仅需要款式设计，而且需要规格设计，以满足不同消费者的需求。有时服装销售的积压，并不是服装款式设计得不好，而是由于服装的号型规格设计出现了问题，服装的尺寸设置不合理，不符合其目标顾客的身材特征尺寸，因而造成服装的滞销，形成大量库存，给服装企业造成损失。

1. 号型定义

（1）号。"号"指人体身高，是确定服装长度部位尺寸的依据。人体长度方向的部位尺寸包括颈椎点高、坐姿颈椎点高、腰围高、背长、臂长等均与身高密切相关，随着身高的变化而变化。例如，国标中身高160cm的女性，与之对应的颈椎点高为136cm，坐姿颈椎点高62.5cm、腰围高98cm、背长38cm、臂长50.5cm，这组人体长度部位对应的尺寸数据应该组合使用。

（2）型。"型"指人体净胸围或净腰围，是确定服装围度和宽度部位尺寸的依据。人体围度、宽度方向的部位尺寸如臀围、颈围、肩宽等都与人体净腰围或净臀围有关，如国标中净胸围84cm的女性，与之对应的颈围33.6cm、总肩宽为39.4cm，与净腰围为66cm、68cm、70cm相对应的净臀围分别为88.2cm、90cm、91.8cm。这组数据也是密不可分的，应该组合使用。

2. 体型分类

只用身高和胸围还不能够很好地反映人体形态差异，具有相同身高和胸围的人，其胖瘦形态还可能会有较大差异。一般情况下，胖人腹部一般比较丰满，胸腰的落差较小。

我国新的号型标准增加了胸腰差这一指标，并根据胸腰差的大小把人体体型分为四种类型，分别标记为：Y、A、B、C四种体型。其具体的胸腰差值见表1-4。

Y体型为较瘦体型，A体型为标准体型，B体型为较标准体型，C体型为较丰满体型，从Y型到C型人体胸腰差依次减小。从表1-5我国成年男子各体型在总量中的比例可以看出，大多数人属于A、B体型，其次是Y体型，C体型最少，但是，四种体型都为正常人体型。

表1-4　体型分类　　　　　　　　　　　　　　　　单位：cm

体型分类代号	Y	A	B	C
女子	24 ~ 19	18 ~ 14	13 ~ 9	8 ~ 4
男子	22 ~ 17	16 ~ 12	11 ~ 7	6 ~ 2

详细比例见表1-5，大约有2%的男子体型不属于这四种正常体。表1-6为我国成年女子各体型在总量中的比例（各地区与全国）。

表1-5　我国成年男子各体型在总量中的比例（全国平均）　　　单位：%

体型	Y	A	B	C
占总量比例	21	40	29	8

表1-6　我国成年女子各体型在总量中的比例（各地区与全国）　　　单位：%

体型分类地区	Y	A	B	C	不属于四种体型分类
华北、东北	15.15	47.61	32.22	4.47	0.55
中西部	17.50	46.79	30.34	4.52	0.85
长江下游	16.23	39.96	33.18	8.78	1.85
长江中游	13.93	46.48	33.89	5.17	0.53
两广、福建	9.27	38.24	40.67	10.86	0.96
云、贵、川	15.75	43.41	33.12	6.66	1.06
全国	14.82	44.13	33.72	6.45	0.88

3. 号型表示方法

服装号型采用如下表示方法：号与型之间用斜线分开，后面再接体型代码：号／型·人体分类，具体实例如，上装：160／84A；下装：160／66A。

此上装号型标志160/84A的含义是：该服装尺码适合于身高为158~162cm、胸围为82~86cm、体型为A（即胸腰差为18~14cm）的人穿着。服装为下装时，号型标志中的型表示人体腰围尺寸，如160／66A表示该服装适合身高为158~162cm、腰围为65~67cm、体型为A的人穿着。

4. 号型系列设置

（1）分档范围。分档范围是指人体尺寸分布是在一定范围内，号型标准并不是包括所有的穿着者，只包括了绝大多数穿着者。服装号型对身高、胸围和腰围确定了如下分档范围，超出此范围的属于特殊体型，见表1-7。

表1-7　档范围　　　　　　　　　　　　　　　　　　　　　　单位：cm

穿着者	身高	胸围	腰围
女子	145 ~ 175	68 ~ 108	50 ~ 102
男子	150 ~ 185	72 ~ 112	56 ~ 108

（2）中间体。中间体是指依据人体测量数据，按照部位求得平均数，并且参考各部位的平均数确定号型标准的中间体（表1-8）。

（3）号型系列。号型系列分为5·4系列和5·2系列两种。

①5·4系列。5·4系列是按身高5cm跳档，胸围或腰围按4cm跳档。

②5·2系列。5·2系列是按身高5cm跳档，腰围按2cm跳档。5·2系列一般只适用于下装。

③档差。档差是指跳档数值。以中间体为中心，向两边按照档差依次递增或递减，从而形成不同的号和型，号与型进行合理的组合与搭配形成不同的号型，号型标准给出了可以采用的号型系列。

表1-8　人体基本部位中间体确定值　　　　　　　　　　　单位：cm

穿着者	部位	Y	A	B	C
女子	身高	160	160	160	160
	胸围	84	84	88	88
	腰围	64	68	78	82
男子	身高	170	170	170	170
	胸围	88	88	92	96

表1-9~ 表1-12是女装常用的号型系列。

表1-9　5·4/5·2Y 号型系列　　　　　　　　　　　单位：cm

胸围	身高													
	145		150		155		160		165		170		175	
	腰围													
72	50	52	50	52	50	52	50	52						
76	54	56	54	56	54	56	54	56	54	56				
80	58	60	58	60	58	60	58	60	58	60	58	60		

续表

胸围	身高													
	145		150		155		160		165		170		175	
	腰围													
84	62	64	62	64	62	64	62	64	62	64	62	64	62	64
88	66	68	66	68	66	68	66	68	66	68	66	68	66	68
92			70	72	70	72	70	72	70	72	70	72	70	72
96					74	76	74	76	74	76	74	76	74	76

表1-10　5·4/5·2 A号型系列　　　　单位：cm

胸围	身高																				
	145			150			155			160			165			170			175		
	腰围																				
72				54	56	58	54	56	58	54	56	58									
76	58	60	62	58	60	62	58	60	62	58	60	62	58	60	62						
80	62	64	66	62	64	66	62	64	66	62	64	66	62	64	66	62	64	66			
84	66	68	70	66	68	70	66	68	70	66	68	70	66	68	70	66	68	70	66	68	70
88	70	72	74	70	72	74	70	72	74	70	72	74	70	72	74	70	72	74	70	72	74
92				74	76	78	74	76	78	74	76	78	74	76	78	74	76	78	74	76	78
96				78	80	82	78	80	82	78	80	82	78	80	82	78	80	82	78	80	82

表1-11　5·4/5·2 B号型系列　　　　单位：cm

胸围	身高													
	145		150		155		160		165		170		175	
	腰围													
68			56	58	56	58	56	58						
72	60	62	60	62	60	62	60	62	60	62				
76	64	66	64	66	64	66	64	66	64	66				
80	68	70	68	70	68	70	68	70	68	70	68	70		
84	72	74	72	74	72	74	72	74	72	74	72	74	72	74
88	76	78	76	78	76	78	76	78	76	78	76	78	76	78
92	80	82	80	82	80	82	80	82	80	82	80	82	80	82
96			84	86	84	86	84	86	84	86	84	86	84	86
100			88	90	88	90	88	90	88	90	88	90	88	90
104							92	94	92	94	92	94	92	94

表 1-12　5·4/5·2C 号型系列　　　　　　　　　　　单位：cm

胸围	身高													
	145		150		155		160		165		170		175	
	腰围													
68	60	62	60	62	60	62								
72	64	66	64	66	64	66	64	66						
76	68	70	68	70	68	70	68	70						
80	72	74	72	74	72	74	72	74	72	74				
84	76	78	76	78	76	78	76	78	76	78	76	78		
88	80	82	80	82	80	82	80	82	80	82	80	82		
92			84	86	84	86	84	86	84	86	84	86	84	86
96			88	90	88	90	88	90	88	90	88	90	88	90
100			92	94	92	94	92	94	92	94	92	94	92	94
104					96	98	96	98	96	98	96	98	96	98
108							100	102	100	102	100	102	100	102

（4）号型配置。号型配置，国家标准中的号型规格基本上可以满足某类体型 90% 以上的人们的需求，但在服装企业实际生产和销售中，由于服装品种类别、投产数量等原因，往往不能或不必完成规格表中全部号型的生产，而是选用其中一部分号型或热销号型来生产，以满足大部分消费者的需要为基准，又能够避免生产过量，造成产品积压。在选择号型时，以国家标准中的号型规格表，并结合目标顾客人体体型特点以及产品的特征进行号与型的搭配，制定生产所需的号型规格表，称其为号型配置。常用号型配置方式有以下 3 种。

①一号一型配置，又称号型同步配置，即一个号与一个型搭配组合而成的号型系列。例如，155/80、160/84、165/88。

②一号多型配置，即一个号与多个型搭配组合而成的号型系列。例如，160/80、160/84、160/88。

③多号一型配置，即多个号与一个型搭配组合而成的号型系列。例如，155/84、160/84、165/88。

5. 号型应用

（1）生产者。作为服装设计与生产者，就必须了解服装号型标准的有关规定。号型标准提供给设计者有关我国人体体型、人体尺寸方面的详细资料和数据。在设定服装号型系列与规格尺寸时，号型标准可以提供最好帮助，服装号型标准是确定服装规格的基本依据。

在号型实际应用中，应该首先确定穿着者的体型分类，然后根据身高、净胸围或净腰围选择与号型系列中一致的号型。对服装生产企业来说，在选择和应用号型系列时应注意以下几点：首先，必须从国家标准规定的号型系列中选用适合本地区的号型作为中间体，并建立相应的号型规格表。其次，根据本地区的人口比例和市场需求情况安排生产数量，对一些号型覆盖率较少及特殊体型的号型应根据情况安排少量生产，以满足不同消费者的需求。最后，对于国家标准中没有规定的号型，也可以适当扩大号型覆盖范围，但应根据号型系列规定的分档数进行设置。最为重要的是，既要考虑到尽量满足消费者需求，又要尽量避免增加生产的复杂性。

（2）消费者。作为服装消费者，可以根据服装上标明的服装号型（示明规格）来选购服装。服装上标明的号、型应该接近于消费者的身高和胸围或腰围，标明的体型代号应该与消费者的体型类别一致。例如，身高为162cm，胸围为83cm，腰围为65cm，这样体型的消费者：胸腰差是83-65=18cm，体型代码应该为A型。选购服装时就可以选择示明规格为160/84A的上衣和160/66A的裙装。

二、规格设计

1.规格含义

服装规格尺寸是净尺寸加放宽松量后得到的，也是服装的实际成品尺寸。

净尺寸是直接测量人体得到的，人体净尺寸是进行服装裁剪制板时最基本的依据。在此基础上一般都需要根据具体的服装款式加放一定的宽松量，其后所得到的数据，才能用来进行服装裁剪制板。其中，加放的松量值叫作"宽松量"或"放松量"，也就是服装与人体之间的空隙量。其放松量越小，服装越紧身，放松量越大，服装则越宽松。在进行服装裁剪制板时，宽松量确定得准确与否，对服装造型的准确程度有决定性的影响。宽松量的正确决定，不仅需要对服装款式做观察研究，另外还需要具备一定的实际制板经验。

例如，所测量的人体胸围尺寸为84cm，而裁制的服装胸围为100cm，那么84cm就是人体"净尺寸"，100cm则是服装的"规格尺寸"，100cm与84cm的差值16cm就是服装宽松量，也称放松量。

2.规格表示

表示成品服装规格时，总是选择最具代表性的一个或几个关键部位尺寸来表示。这种部位尺寸又称示明规格。常用的表示方法有以下4种。

（1）号型表示法。号型表示法是指选择身高、胸围或腰围为代表部位来表示服装的规格，是最常用的服装规格表示方法。从1992年开始我国已实行号型表示法，人体身高为号，胸围或腰围为型，并标明体型代码。号型表示方法如160/84A。

（2）领围制表示法。领围制表示法是指以领围尺寸为代表来表示服装的规格，男衬衫的规格常用此方法表示。例如，39号、40号、41号，分别代表衬衫的领大为39cm、40cm、41cm。

（3）代号制表示法。代号制表示法是指按照服装规格大小分类，以代号表示，是服装规格较简单的表示方法，适用于合体性要求比较低的一些服装。表示方法如：XS、S、M、

L、XL、XXL 等。

（4）胸围制表示法。胸围制表示法是指以胸围为关键部位尺寸代表，表示服装的规格，适用于贴身内衣、运动衣、羊毛衫等一些针织类服装。表示方法如：90cm、100cm 等，分别表示服装的成衣胸围尺寸。

3. 规格设计

国家服装型号标准是服装规格设计的可靠依据，根据号型标准中提供的人体净体尺寸，综合服装款式因素加放不同放松量进行服装规格设计，以便适合绝大部分目标顾客的需求，这是实行服装号型标准的最终目的（表 1–13）。实际生产中的服装规格设计不同于传统的"量体裁衣"，必须考虑能够适应多数地区以及多数人的体型要求，而个别人的体型特征只能作为一种参考，而不能作为成衣规格设计的依据。在进行规格设计时，必须遵循以下原则：号型系列和分档数值不能随意改变，国家标准中所规定的服装号型系列为上装 5·4 系列，下装 5·4 或 5·2 系列，不能自行更改；放松量可以自行改变，根据服装品类、款式、面料、穿着季节、地区、穿着习惯以及流行趋势的变化，放松量可以随之变化。服装号型标准只是统一号型，而不是统一规格。

表 1-13　人体各部位净尺寸　　　　　　　　单位：cm

部位	号型				
	150/76	155/80	160/84	165/88	170/92
1. 胸围	76	80	84	88	92
2. 腰围	60	64	68	72	76
3. 臀围	82.8	86.4	90	93.6	97.2
4. 颈围	32/35	32.8/36	33.6/37	34.4/38	35.2/39
5. 上臂围	25	27	29	31	33
6. 腕围	15	15.5	16	16.5	17
7. 掌围	19	19.5	20	20.5	21
8. 头围	54	55	56	57	58
9. 肘围	27	28	29	30	31
10. 腋围（臂根围）	36	37	38	39	40
11. 身高	150	155	160	165	170
12. 颈椎点高	128	132	136	140	144
13. 前长	38	39	40	41	42
14. 背长	36	37	38	39	40
15. 全臂长	47.5	49	50.5	52	53.5
16. 肩至肘	28	28.5	29	29.5	30
17. 腰至臀（腰长）	16.8	17.4	18	18.6	19.2

续表

部位	号型				
	150/76	155/80	160/84	165/88	170/92
18. 腰至膝	55.2	57	58.8	60.6	62.4
19. 腰围高	92	95	98	101	104
20. 股上长	25	26	27	28	29
21. 肩宽（总肩宽）	37.4	38.4	39.4	40.4	41.4
22. 胸宽	31.6	32.8	34	35.2	36.4
23. 背宽	32.6	33.6	35	36.2	37.4
24. 乳间距	17	17.8	18.6	19.4	20.2
25. 袖隆长	41	41	43	45	47

（1）人体参考尺寸。人体参考尺寸是指号型标准中给出了人体十个控制部位的尺寸以及这十个控制部位的档差，它是服装裁剪制板、推板的重要技术依据。

对于服装裁剪制板来讲，仅此十个部位尺寸有时仍不能满足技术上的需要，还应该增加一些其他部位的尺寸，才能更好地把握人体的结构形态和变化规律，准确地进行纸样设计。这些数据有两个方法，最基本的一种方法是人体测量和数据处理，另一种方法是人体测量数据结合经验数据加以确定。

（2）成衣规格设计。成衣规格设计是指服装规格的确定，是服装裁剪制板非常关键的步骤，是在人体测量的基础上，依据服装的具体款式来确定服装成品尺寸，包括衣长、袖长、肩宽、胸围、领围、裤长、腰围、臀围等，是正确地将测得的净尺寸加放松量，确定成品服装尺寸。

服装规格尺寸的确定，首先需要对所选定的服装款式做认真分析，包括对服装的轮廓造型、细部造型等进行仔细观察，分析确定其各自的属性。例如，服装是短款还是长款，是宽松的还是紧身的，领子是什么样式的，袖子是什么款式的等。这些分析不仅是定性的，而且必须是定量的。规格尺寸设计者一定要将服装款式进行详尽分析，将图样式的服装款式转化为数据式的服装款式。因为服装裁剪制板是服装设计的后续工作，所以必须要始终基于服装款式图，不要随意地将设计修改。这是每一位服装裁剪制板人员最基本的素质之一，这不仅是对设计师的尊重，而且也是正确裁制服装的根本保障。

成衣规格是在服装号型系列基础之上，按照服装的部位与号型标准中与之对应的控制部位尺寸加减定数来确定，加减定数的大小取决于服装款式和功能，这是留给服装设计人员的设计空间。例如，中间号的人体实际胸围为84cm，但据所设计服装款式的不同，成衣实际胸围尺寸既可以在人体实际胸围84cm的基础上加上10～30cm；也可以不加甚至减少（如用弹力面料制作的紧身内衣）。成衣尺寸规格一般先按照成衣的种类和款式效果确定中间号型的成衣尺寸，再按号型系列的档差，确定各号型的成衣尺寸。由于号型标准是成系列的，因而成衣规格是与号型标准系列相对应的规格系列。但需注意的是，成衣规格部位并不是与号型标准完全一致的，而可以依据成衣品种款式的不同存在差异。有些成衣品种只需较少的部位就可以控制成衣的尺寸规格，如披风、圆裙、斗篷等；而有些成衣品种则需要较多的部位才能控制成衣的尺寸规格，如西装、旗袍、各种合体的时装等。按与人体基本部位的回归关系式设计在对大量人体测量数据进行分析的基础上，建立了人体基本部位（身高、净胸围/净腰围）与其他细部位尺寸之间的回归关系式，为方便实际应用，对回归关系式加以简化，并根据实践经验进行修正。这种方法既体现了人体与服装之间的关系，又包含实践经验值，因此所确定的服装规格尺寸比较准确，应用广泛。

（3）体型分类与分类号和胸腰差值之间的关系。体型分类与分类号和胸腰差值之间的关系见表1-14。

表1-14　人体体型分类　　　　　　　单位：cm

体型分类号	Y	A	B	C
胸腰差值	19 ~ 24	14 ~ 18	9 ~ 13	4 ~ 8
体型分类	偏瘦体	正常体	偏胖体	肥胖体

（4）号型内涵。号型内涵举例，上装160/82A的规格，160号表示适用于身高158~162cm的人；82适用于胸围在80~83cm的人；A表示适用于胸腰差在14~18cm的人。

（5）号型系列。号型系列各数值均以中间体型为中心向两边依次递增或者递减。身高以5cm分档，胸围和腰围分别以4cm、2cm分档，组成型系列。

第六节　人体测量

从人体的生理特征来看，女性外形起伏明显，适合于服装结构的变化。工业纸样设计通常依所取的规格表来获取必要的尺寸，它是理想化的，也就是不需要进行个别的人体测量。但是作为服装设计人员，人体测量是必不可少的知识和技术，而且要懂得规格尺寸表的来源、测量的技术要领和方法，这对设计者认识人体结构和服装的构成过程是十分重要的。因此，这里所指的测量是针对服装设计要求的人体测量，一方面这种测量标准是和国际服装测量标准一致的，另一方面它必须符合服装制板原理的基本要求。

作为定做服装的板型设计，就更显出人体测量的优越性，但需要对被测者进行认真细致的观察，以获得与一般体型的共同点和特殊点。这是确定理想尺寸的重要依据，也是人体测量的一个基本原则。

　　净尺寸是确定人体基本模型的参数。为了使净尺寸更为准确，被测者要穿紧身服装。净尺寸的另一种解释叫内限尺寸，即尺寸的最小限度，如胸围、腰围、臀围等围度测量都不加松量。在本书中净尺寸都会在尺寸的代号上加"*"表示。

　　定点测量是为了保证各部位测量的尺寸尽量准确，避免凭借经验猜测。例如，围度测量先确定测量位置的凹凸点，然后做水平测量；长度测量是有关各测量点的总和，如袖长是肩点、肘点、尺骨点连线之和。

　　厘米制测量是指测量者所采用的软尺必须是以cm为单位的，这样才会和标准单位相统一。

一、人体测量的基准点和基准线

1. 主要基准点

　　（1）前颈点（FNP）。前颈点位于左右锁骨连接的中点，同时也是颈根部有凹陷的前中点。

　　（2）颈侧点（SNP）。颈侧点位于颈根部侧面与肩部交接点，也是耳朵根垂直向下的点。

　　（3）后颈点（BNP）。后颈点位于人体第七颈椎处，当头部向前倾时，很容易触摸到其突出部位。

　　（4）肩端点（SP）。肩端点位于人体左右肩部的端点，是测量肩宽和袖长的基准点。

　　（5）胸高点（BP）。胸高点是胸部最高点，即乳头位置。它是女装结构设计中胸省处理时很重要的基准点。

　　（6）前腋点。前腋点位于人体的手臂与胸部的交界处，是测量前胸宽的基准点。

　　（7）后腋点。后腋点位于人体的手臂与背部的交界处，是测量后背宽的基准点。

　　（8）袖肘点。袖肘点位于人体手臂的肘关节处，是确定袖弯线凹势的参考点。

　　（9）膝盖骨点。膝盖骨点位于人体的膝关节中央。

　　（10）踝骨点。踝骨点是指脚腕两旁突起的部位。

　　（11）头顶点。头顶点是指以正确立姿站立时，头部最高点，位于人体中心线上，它是测量总体高的基准点。

　　（12）茎突点。茎突点也称手根点，桡骨下端茎突最尖端的点，是测量袖长的基准点。

　　（13）外踝点。外踝点是指脚腕外侧踝骨的突出点，是测量裤长的基准点。

　　（14）肠棘点。肠棘点是指仰面躺下，可触摸到骨盆最突出的点，是确定中臀围线的位置。

　　（15）转子点。转子点是指大腿骨的大转子位置，在裙、裤装侧部最丰满处。

2. 主要基准线

　　（1）颈围线（NL）。颈围线是测量人体颈围长度的基准线，通过左右颈侧点（SNP）、后颈点（BNP）、前颈点（FNP）测量得到的尺寸。

（2）胸围线（BL）。胸围线是通过胸部最高点的水平围度线，是测量人体胸围大小的基准线。

（3）腰围线（WL）。腰围线是通过腰围最细处的水平线，是测量人体腰围大小的基准线。

（4）臀围线（HL）。臀围线是通过臀围最丰满处的水平线，是测量人体臀围大小的基准线。

二、测量部位和测量方法

1. 测量部位（图 1-12）

（1）总体高。总体高是指人体立姿时从头顶点垂直向下量至地面的距离。

（2）身高。身高是指从第七颈椎点垂直向下量至地面的距离。

（3）背长。背长是指从第七颈椎点垂直向下量至腰围中央的长度。

（4）前腰节长。前腰节长是由肩颈点通过胸高点量至腰围线的距离。

（5）颈椎点高（即身高）。颈椎点高是指从第七颈椎点到地面的垂直距离。

（6）坐姿颈椎点高。坐姿颈椎点高是指人坐在椅子上，第七颈椎点垂直量到椅面的距离。

（7）乳位高。乳位高是由肩颈点向下量至乳头点的体表长度。

（8）腰围高。腰围高是从腰围线中央垂直量到地面的距离，是裤长设计的依据。

（9）臀高。臀高是指从体后腰围线向下量至臀部最高点的距离。

（10）股上长。股上长是指从体后腰围线量至臀沟的垂直距离。

（11）股下长。股下长是指从臀沟向下量至地面的距离。

（12）臂长。臂长是指从肩端点向下量至茎突点的距离。

（13）上臂长。上臂长是指从肩端点向下量至肘点的距离。

（14）手长。手长是指从茎突点向下量至中指指尖的长度。

（15）膝长。膝长是指从体前腰围线量至膝盖中点的长度。

（16）胸围。胸围是指过胸高点沿胸廓水平围量一周的长度。

（17）腰围。腰围是指经过腰部最细处水平围量一周的长度。

（18）臀围。臀围是指在臀部最丰满处水平围量一周的长度。

（19）中臀围。中臀围是指腰围与臀围中间位置水平围量一周的长度。

（20）头围。头围是指通过前额中央、耳上方和后枕骨，在头部量一周的长度。

（21）基本领围。基本领围是指通过肩颈点、第七颈椎点、前颈窝点，在人体颈部围量一周的长度。

（22）颈围。颈围是指通过喉结，在颈中部围量一周的长度。

（23）乳下围。乳下围是指在乳房下端水平围量一周的长度。

（24）腋围。腋围是指从后腋点经过肩端点再到前腋点并穿过腋下围量一周的长度。

（25）臂围。臂围是指上臂最粗处水平围量一周的长度。

（26）肘围。肘围是指经过肘关节围量一周的长度。

（27）腕围。腕围是指经过腕关节茎突点围量一周的长度。

（28）掌围。掌围是指拇指自然向掌内弯曲，通过拇指根部围量一周的长度。

（29）胯围。胯围是指通过胯骨关节，在胯部围量一周的长度。

（30）大腿根围。大腿根围是在大腿根部水平围量一周的长度。

（31）膝围。膝围是过膝盖中点水平围量一周的长度。

（32）小腿中围。小腿中围是小腿最丰满处水平围量一周的长度。

（33）小腿下围。小腿下围是指踝骨上部最细处水平围量一周的长度。

（34）肩宽。肩宽是指从左肩端点通过颈后中点量至右肩端点的距离。

（35）小肩宽。小肩宽是指肩端点量至肩颈点的距离。

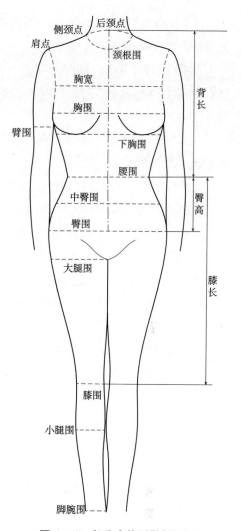

图 1-12　部分人体测量部位图示

（36）胸宽。胸宽是指从前胸左腋窝点水平量至右腋窝点间的距离。

（37）乳间距。乳间距是指从左乳头点水平量至右乳头点间的距离。

（38）背宽。背宽是指在背部从左后腋窝点沿体表量至右后腋窝点的体表实长。

2.测量方法

服装制板师不仅只是根据服装效果图或照片来进行板型设计，有时还常会接到客户的实样，也就是根据一件或一套已加工完成的服装来进行结构设计，俗称驳样。这时，必须仔细地测量该服装款式的主要部位的尺寸以及客户指定的其他尺寸。由于服装款式种类很多，现介绍常规的测量方法及主要部位的尺寸。

（1）衣长（L）。衣长有三种测量方法（需根据客户指定的要求来确定）。

①前衣长（L1）。前衣长是从颈侧点（SNP）至前衣片的底边处的长度。

②后衣长（L2）。后衣长是从颈侧点（SNP）至后衣片的底边处的长度。

③后中衣长（L3）。后中衣长是从后颈点（BNP）至后衣片的底边处的长度。

（2）胸围（B）。胸围是当纽扣扣上或拉链拉好且衣服放平整时，沿袖窿底部水平测量的距离是胸围规格尺寸的1/2。

（3）腰围（W）。腰围是在腰节线位置处，根据我国标准女性160/84A体型可知，从颈侧点（SNP）到腰节线（WL）的前腰节长距离约41cm，水平测量的距离是腰围规格尺寸的1/2。

（4）臀围（H）。臀围是在腰节线下16～18cm处进行水平测量，所测距离是臀围规格尺寸的1/2。

（5）下摆。下摆是在底边处水平测量的尺寸（如果是装橡皮筋的夹克，须分别测量出橡皮筋受拉伸时和未拉伸时的尺寸）。

（6）肩宽（S）。肩宽有两种测量方法：

①整肩宽（S1）。从左肩端点经第七颈椎点量至右肩端点的长度。

②小肩宽（S2）。从颈侧点（SNP）到肩端点（SP）的长度。

（7）袖长（SL）。袖长有两种测量方法：

①方法一：从肩端点（SP）量至袖口边处。

②方法二：从后颈点（BNP）经过肩端点（SP），再量至袖口边处。

（8）袖口（CW）。袖口是围量袖口一周的尺寸。

（9）领围（N）。领围是把领子放平整从一端量至另一端的距离（由于领型不同，具体测量方法有所不同）。

（10）前直开领。前直开领是从颈侧点（SNP）处的水平线垂直量至前领圈弧开落的位置的垂直距离。

（11）后横开领。后横开领是左右颈侧点（SNP）之间的直线距离的1/2（与后领口弧长是有区别的）。

（12）胸围线深。胸围线深是从颈侧点（SNP）测量至胸围线的垂直距离。

（13）袖山高。袖山高是从袖山头顶部测量至袖窿深线的垂直距离。

（14）袖肥。袖肥是在袖窿深线的位置测量袖子一周的大小。

其他的尺寸还有如前胸宽、后背宽，袋口大小和位置，纽扣大小和位置，各部位分割线条的形状、位置等。

第七节　省道

本节主要总结了省道的设计，主要包括省道的分类、风格，省尖点、省大、省的位置设计的一般原则，以及省道应用的主要形式。

一、省道概述

1. 省道的目的

省道的目的有两个，一是依据人体的造型而存在；二是依据服装的造型而存在，当然，服装的造型是不能脱离人体的。

2. 省道转移方法

（1）掌握省道转移步骤，会根据要求对实际款式进行省道转移操作。尤其要注意需要进行两次省道转移时的操作步骤和注意事项。

（2）省道转移方法有三种，分别为剪开法、旋转法和量取法，其中比较常用的是旋转法和剪开法。剪开法比较直观易懂，旋转法操作方便、节约时间和资源。

（3）全省的转移方法分为全省的分解转移和全省的部分转移。

（4）胸凸全省是指乳凸、前胸腰差和胸部设计量的总和。

二、省道设计

从几何角度来看，省道闭合后往往可以使平面的面料形成圆锥面或圆台面等立体状，如上装对准胸点的胸省和腰省所形成的曲面就是圆锥面；裤腰前、后的省缝所形成的面就是圆台面，从而满足了胸部的隆起和腰围与臀围之差的关系。服装的很多部位结构都可以用省道的形式进行表现，其中应用最多、变化最丰富的是前衣身的省道，它是以人体 BP 点为中心制作的，是为满足人体胸部高挺、腰部纤细的体型需要而设置的，能够体现人体胸腰部位的曲线。

1. 省道分类

省道可以按照服装省道的外观形态和所在位置的不同进行分类。

（1）按省道的外观形态分。省道按照外观形态分为以下 5 种。

①钉子省。钉子省形类似钉子的形状，上部较平，下部呈尖状。这种省道常用于肩部和胸部等复杂形态的曲面，如肩省、领口省等。

②锥子省。锥子省形类似锥子的形状，常用于制作圆锥形曲面，如腰省、袖肘省等。

③开花省。开花省道一端为尖状，另一端为非固定形状，或两端都是非固定的平头开花省。该省是一种具有装饰性与功能性的省道。

④橄榄省。橄榄省的形状两端尖、中间宽，常用于上装的腰省。

⑤弧形省。弧形省形为弧形状，省道有从上部至下部均匀变小或上部较平行、下部呈尖状等形态，也是一种兼备装饰性与功能性的省道。

（2）按省道所在服装部位分。省道按照所在服装部位分为以下 6 种。

①肩省。肩省底在肩缝部位的省道，常制作成钉子形。前衣身的肩省是为制作出胸部形态，后衣身的肩省是为制作出肩胛骨处隆起的形态。

②领省。领省底在领口部位的省道，常制作成上大下小均匀变化的锥形。其主要作用是制作出胸部和背部的隆起形态以及制作出符合颈部形态的衣领设计。领省常代替肩省，因为其具有隐蔽的优点。

③袖窿省。袖窿省底在袖窿部位，常制作成锥形。前衣身的袖窿省制作出胸部形态，后衣身的袖窿省制作出背部形态，常以连省成缝形式出现。

④腰省。腰省底在腰节部位，常制作成锥形。

⑤侧缝省。侧缝省底在衣身侧缝线上，常用于制作胸部隆起的横胸省。

⑥门襟省。门襟省底在前中心线上，由于省道较短，常以抽褶形式取代。

2. 省道设计

（1）省道个数、形态、部位的设计。由省道分类可知，省道可以根据人体曲面的需要，围绕省尖点（BP点）进行多方位设置。省道设计时，其形式可以是单个而集中的，也可以是多个而分散的；可以是直线形，也可以是曲线形、弧线形。

单个集中的省道由于省道缝去量大，往往形成尖点褶，外观造型较差。

多方位的省道则由于各方位缝去量小，可使省尖处造型较为匀称而平缓，但在实际使用时，还需根据造型和面料特性而定。

省道形态的选择，主要视衣身与人体贴近程度的需要而定，不能将所有省道的两边都机械地缝成两道直线形缝迹，而必须根据人体的体型特征将其缝成略带弧形或有宽窄变化的省道。根据人体不同的曲面形态和不同的贴合程度可选择相应的省道形态。

从理论上讲，只要省角量相等，不同部位的省道能起到同样的合体效果，而实际上不同部位的省道却影响着服装外观造型形态，这取决于不同的体型和不同的服装面料。如肩省更适合用于胸围较大及肩宽较窄的体型，而袖窿省或侧缝省则更适合于胸部较扁平的体型。从结构功能上讲，肩省兼有肩部造型和胸部造型两种功能，而袖窿省和侧缝省只具有胸部造型的单一功能。

（2）省道量的设计。省道量的设计要以人体各截面围度量的差数为依据，差数越大，人体曲面形成角度越大，面料覆盖于人体时产生的余褶就越多，即省道量越大；反之，省道量越小。

（3）省端点的设计。省端点的设计一般要求省端点与人体隆起部位相吻合，但由于人体曲面变化是平缓而不是突变的，故实际缝制的省端点只能对准某一曲率变化最大的部位，而不能完全缝制于曲率变化最大点上。例如，前衣身的省道，尽管省端点都对准胸高点（BP点），在省道转移时，也以胸高点为中心进行转移，而实际缝制省道时，省端点应离胸高点有一段距离。具体设计时，肩省距BP点5~7cm，袖窿省距BP点3~4cm，侧缝省距BP点4~5cm，腰省距BP点2~3cm等。

（4）胸省的设计风格。胸省的设计风格与人体胸部造型和服装造型密切相关。

胸部是人体隆起程度较大的部位，其周围的曲率变化很大，若服装不能与人体曲面变化相一致，则此部位的服装形态就会不平服，产生许多褶皱。女装的风格在一定程度上是以乳房形态的显示程度和造型决定的，胸省的设计是决定整件服装造型的因素之一。

①高胸细腰造型。高胸细腰造型特点是胸点位置偏低，省道重大，形状符合乳房形态的弧形，强调乳房体积，要进一步加强收腰的效果。

②少女型造型。少女型造型特点是胸点的间隔较窄，位置偏高，表现女性成长期的少女胸部造型，省尖位置偏高，省道量较小，形状呈锥形。

③优雅型造型。优雅型造型特点是胸部较扁平，胸高位置是一个近似圆形的区域，不强调体现腰部的凹进和臀部的隆起形态，省道量小且较分散。

④平面型造型。平面型造型不表现女性胸部隆起形态，腰部和臀部造型较平直，不收省或收省但不对准 BP 点。

（5）省道的形式。根据款式造型需要，前、后衣身的省道可以有两种形式。

①胸省道对准 BP 点，后省道对准背部肩胛骨中心。这样前、后浮余量都可以全部或大部分转移到省道中。这样的省道最合体，常用于贴体合身类服装。

②胸省道不对准 BP 点，后省道不对准背部肩胛骨中心。由于省道与人体不完全贴合，故应只能将少量前、后浮余量转移至省道中（一般前浮余量 ≤ 1.5cm，后浮余量 ≤ 0.7cm），否则会产生第二个中心点。

第二章　衣身结构设计研究

衣身结构与形态是女装结构设计的关键技术部位所在，其形态既要与款式造型保持一致，又要符合人体曲面状态，可以说衣身结构设计是整体服装结构设计中最重要也是最难的一部分。研究衣身结构的原型制图法、省道的设计及其转移原理和省、裥、褶的结构变化对于成衣结构设计研究是十分重要的，而研究这些内容的基础则是对衣身廓型和比例的研究。

第一节　衣身廓型与比例

衣身廓型是指衣身经过各种结构设计（包括省道、分割、作褶、剪切拉展等）后形成的外部轮廓。服装的廓型是服装款式造型的第一要素。衣身比例是指衣身前、后片的胸围占比数，衣身比例是衣身结构设计的重要因素之一。

一、衣身廓型的分类

服装发展至今，廓型在越来越注重时尚与个性的现代社会中地位越来越高。优美的服装廓型，能造就服装的风格、显露出着装者的品位，能展示人体美、弥补人体缺陷与不足。廓型的特点和变化还起着传递信息、引导潮流的作用。

衣身廓型可以根据衣身整体外观造型和服装风格（即服装的宽松程度）两个方面进行分类。

1. 按衣身造型分类

（1）A 型。A 型就像字母 A，上窄下宽、上紧下松。其肩至胸部为贴身线条，因此袖窿宽和胸部仍然合体；自腰部向下展开，表现出穿着者活泼、潇洒的性格，充满青春活力。上衣和大衣以不收腰、宽下摆，或收腰、宽下摆为基本特征。上衣一般肩部较窄或裸肩，衣摆宽松肥大；裙子和裤子均以紧腰阔摆为特征。

（2）H 型。H 型外轮廓类似字母 H，属于宽腰式服装造型，不凸显腰线位置，弱化肩、腰、臀之间的宽度差异，或偏于修长、纤细，或倾于宽大、舒展。上衣和大衣以不收腰、窄下摆为基本特征，衣身呈直筒状；裙子和裤子也以上下等宽的直筒状为特征。H 型衣身具有线条流畅、简洁、端庄等特点。

（3）X型。X型服装造型特点是宽肩、细腰、大臀围和宽下摆，接近人体的自然线条，具有窈窕、优雅、柔美的情调。上衣和大衣以宽肩、阔摆、收腰为基本特征；裙子和裤子也以上下肥大、中间瘦紧为特征。

（4）T型。T型指上宽下窄的服装造型，夸张肩宽，胸部较宽松，经腰线、臀线渐渐收缩，上身呈宽松型，下身合体。为了强调肩宽，可以装垫肩，特点是洒脱、大方，有坚毅感。上衣、大衣、连衣裙等以夸张肩部、收缩下摆为主要特征。

（5）O型。O型又称茧型，中间膨胀，下摆收拢，给人以亲切柔和、自然随性的感觉，多用于居家装或休闲装。连衣裙一般在下摆有松紧带设计，大衣和外套则在侧缝处摆出一定的量，而下摆再回归正常甚至偏紧窄。

2.按服装风格分类

衣身廓型按照服装风格分为：宽松风格、较宽松风格、较合体风格、合体风格、贴体风格。每一种风格主要根据胸围、腰围、臀围三个围度及其差值的不同而变化。其中，服装胸围松量最为关键，腰围、臀围的变化都以胸围松量为基础而进行设计。若胸围合体，腰围、臀围可合体也可宽松，结构上都是合理的；若胸围宽松，一般来说，腰围、臀围也较宽松，抽绳风衣、棉服或创意时装等除外。

在胸围松量确定之后，胸围与腰围的差值决定着衣身外形的收腰效果。

一般地，若胸围合体，腰围也合体，这种服装收腰效果好，整体贴近人体，称为贴体风格服装；若胸围较宽松或较合体，而胸腰差与贴体风格服装相同，则服装收腰效果好，但不贴体。

（1）胸围取值范围与服装风格的关系见表 2-1（其中，B^* 代表净胸围）。

表 2-1　胸围与服装风格的关系

单位：cm

服装风格	宽松风格	较宽松风格	较合体风格	合体风格	贴体风格
成品胸围	$B^*+ \geq 25$	$B^*+20{\sim}25$	$B^*+15{\sim}20$	$B^*+10{\sim}15$	$B^*+0{\sim}10$

（2）服装的胸围腰围差（以下简称胸腰差）越大、越接近人体胸腰差，服装越合体，反之越宽松。胸腰差取值范围与服装风格的关系见表 2-2（其中，B^* 代表净胸围，W^* 代表净腰围）。

表 2-2　胸腰差与服装风格的关系

单位：cm

服装风格	宽松风格	较宽松风格	较合体风格	合体风格	贴体风格
胸腰差值 B^*-W^*	$\leq 0 \sim 6$	$6 \sim 12$	$12 \sim 18$	$18 \sim 24$	≥ 24

（3）下装服装风格主要取决于腰臀取值，一般下装腰围较稳定，取值范围较小，为 0~2cm，是要在满足腰围基本松量的基础上，又不至于下落为宜。因此，臀围的取值直接影响下装风格特点。臀围松量与服装风格的关系见表 2-3。

表 2-3　臀围松量与服装风格的关系　　　　　　　　　　单位：cm

服装风格	宽松风格	较宽松风格	较合体风格	合体风格	贴体风格
臀围松量	≥ 18	12~18	6~12	4~6	≤ 4

（4）当胸围处于合体状态时，根据臀围与胸围的差值可将服装风格分为合体型、小波浪型和大波浪型。若胸围处于宽松状态，则服装风格应另行界定。胸臀差取值范围与服装风格的关系如下（其中，H 代表成衣臀围，W 代表成衣胸围）：

合体型 $H-B=0~3cm$；

小波浪型 $H-B=3~6cm$；

大波浪型 $H-B \geq 6cm$。

（5）胸腰差、胸臀差的结构处理。衣身的胸腰差、胸臀差的结构处理形式可以采用省道和分割线两种形式。其中用省道的形式只能单独解决胸腰差或胸臀差的问题，而采用分割线的结构形式，可将胸腰差和胸臀差同时并入分割线中，可以同时解决胸腰差和胸臀差的问题，故合体收腰型的服装一般多用分割线的结构形式。

（6）不同的合体程度采用不同的方式解决胸腰差、胸臀差。

①胸腰差、胸臀差的处理用侧缝（本质是分割线）的形式解决。

②胸腰差、胸臀差的处理用前、后省道（或分割线）的形式解决。

③胸腰差、胸臀差的处理用侧缝 + 前、后省道的形式解决。

④胸腰差、胸臀差的处理用侧缝 + 肋下省（分割线）+ 背缝的形式解决。

⑤胸腰差、胸臀差的处理用侧缝 + 前、后各两条分割线的形式解决。

二、衣身比例

按上述 5 种立体形态展平的纸样，是对纸样横向分割形成的比例，其前、后衣身胸围分配量可分为四开身、三开身和多开身。

1. 四开身

四开身又称四分比例，即以人体前、后中心线为基准，将人体围度基本均分为四份，左右两边作为侧缝，前、后衣身的胸围分配量为 $B/4 \pm a$ 的结构形式。

2. 三开身

三开身又称三分比例，以人体前、后中心线为基准，前、后衣身的胸围分配量为胸围 /3 加减常数的结构形式。

3. 多开身

多开身是前、后衣身胸围的结构比例为任意比例的结构形式。衣身通常为多片形式。

衣身结构按纵向比例分为连腰型和断腰型。连腰型是腰围线上下部位连成一体，如连衣裙、连衣裤等；断腰型是腰围线上下部位分割成两部分，且腰围线以下通常做成向外扩展的喇叭形。

第二节　女装原型制图原理

衣身结构制图方法分直接制图法和间接制图法。直接制图法也称比例制图法，是指衣身各部位按计算公式算出具体数值后再按合理的顺序制图，操作简单易懂，女式上装原型就是利用比例制图法进行制图的。间接制图法主要是指原型法，是在原型的基础上，在具体部位上通过放出、缩减、收省、剪切、拉展、折叠等方法制作出所需款式的结构轮廓。

一、衣身原型制图原理（比例法旧原型）

女上装衣身原型制图是包含人体最基本部位尺寸的基本结构制图，尺寸依据为人体净胸围和背长，故以下制图中 B^* 代表人体净胸围，单位为 cm。以 160/84A 为号型标准，净胸围 B^*=84cm，背长取 38cm，净腰围 W^*=68cm。胸围放量取 10cm，腰围放量取 8cm（图 2-1）。

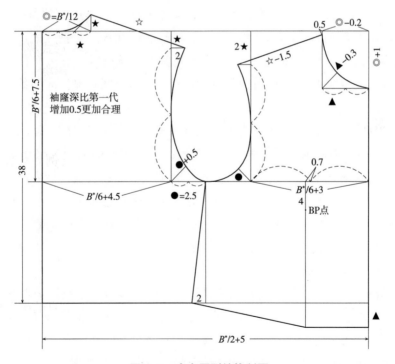

图 2-1　衣身原型结构制图

1. 后片制图步骤

（1）作基本框架。作长为 B^*/2+5（放松量）=47cm，宽为背长 38cm 的长方形。

（2）作基本分割。作袖窿深线，长方形框架右侧竖直线为前中线，左侧竖直线为后中线。自后中线顶点（后颈点）向下量取 $B^*/6+7.5=21.5cm$ 得点，过点作水平线交于前中线，得袖窿深线。

（3）作分界线。平分袖窿深线，于中点向下作铅直线交于长方形的下平线，得前、后片分界线。

（4）作前胸宽线、后背宽线。于袖窿深线上，分别自前、后中线起点取 $B^*/6+3=17cm$、$B^*/6+4.5=18.5cm$ 得点，并过点分别做铅直线交于长方形的上平线，得前胸宽线和后背宽线。

（5）作后领口曲线。自后颈点向右量取 $B^*/12=7cm$ 作为后领宽，记为"◎"。三等分◎，其中一份记为"★"。于后领宽点竖直向上取★作为后领窝高，得后侧颈点。用平滑圆顺、弧度自然的弧线连接后领窝高点与后颈点，得后领口曲线。注意此线与后中线垂直引出。

（6）作后肩线。自背宽线顶点向下取★，并水平向右作 2cm 水平线段，得后肩点。连接后肩点与后侧颈点得后肩线。量其长度记为☆ =14.28cm（制图过程中若存有微小误差，属正常现象）。根据人体肩胛骨的形态，后肩处应设有省道，以作出肩部弧度造型。此处肩长中便包含了 1.5cm 的肩胛省量。

2. 前片制图步骤

（1）作前领口曲线。自前中顶点竖直向下量取◎ +1=8cm 作为前领深点，得前颈点。同时水平量取◎−0.2=6.8cm 作为前领窝宽，同时竖直向下 0.5cm 得前侧颈点，平分前领窝宽，每份记为"▲"，▲ =3.4cm。分别以前领窝深和前领窝宽为邻边作长方形。在长方形左下角平分线上量取▲ −0.3cm 得前领窝标记点，过此点圆顺连接前侧颈点与前颈点，得前领口曲线。

（2）作前肩线。自胸宽线上端点向下量取 2 ★得点，并过点向左作水平线，长度暂且不定。自前侧颈点向此水平线作线段，长度为☆ −1.5=12.78cm，交点为前肩点。

（3）作前、后袖窿曲线。分别于胸宽线、背宽线上取前肩点、后肩点与袖窿深线之间垂直距离的中点；平分背宽线到前、后片分界点之间水平距离的一半，记为"●"，于胸宽线、背宽线与袖窿深线所形成直角的角平分线上分别量取●、● +0.5cm，得前、后袖窿弯曲处的两个标记点。用圆顺、平滑的曲线连接前后肩点和上述中点及袖窿弯曲处标记点，得前、后袖窿曲线。

（4）作乳突点（BP 点）、腰线和侧缝线。自前中线沿着袖窿深线取胸宽的中点，同时向左水平移动 0.7cm，然后向下作竖直线交于下平线。同时向下延长此竖直线和前中线，延长数值均为▲ =3.4cm。将下平线与前、后片分界线的交点水平左移 2cm 得点，画出新侧缝斜线，然后将此点顺序连接到前片两条竖直线，得前腰线。

（5）确定前、后袖窿符合点。在背宽线和胸宽线上取后袖窿符合点、前袖窿符合点。至此完成女式上装衣身原型。

二、衣袖原型制图

1. 确定制图尺寸

测量必要尺寸。袖窿弧长 AH=42cm，其中前 AH=20.5cm，后 AH=21.5cm，袖长 =52cm（图 2-2）。

2. 制图步骤

（1）确定"两线一肥"。做一条竖直线作为袖中线，取长 52cm，顶点即为袖山顶点。自上而下取 AH/3=14cm 作落山线，并从袖山顶点出发分别向落山线左、右两端取后袖山斜线和前袖山斜线，长度分别为后 AH+1 和前 AH，得袖肥。

（2）完成其他基础线。自落山线两端向下作出前、后袖缝直线，并作水平袖摆辅助线。在袖中线上，自袖窿深线上取 3cm 得点，然后将此点以下的袖中线段平分，自中点向上取 1.5cm，作水平线为袖肘线。

（3）作袖山曲线。四等分前袖山斜线，每一份记作"△"，于第一等分点和第三等分点处分别

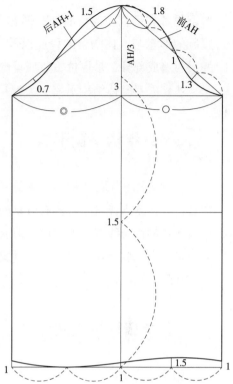

图 2-2 衣袖原型结构制图

垂直袖山斜线向上、向下作垂线段，长度为 1.8cm、1.3cm，中点下移 1cm 处作为袖山曲线与斜线相交的转折点；在后袖山斜线上，自顶点向下取"△"作为曲线与斜线重合的起点，由此得到 8 个袖山曲线的轨迹点，最后用圆顺曲线连接便完成袖山曲线的绘制。

（4）作袖摆曲线。于前、后袖缝线、袖中线底端向上取 1cm 作点，平分前、后袖摆辅助线，前中点向上取 1.5cm 得点，后中点为切点，共得 5 个轨迹点，最后用平滑曲线描绘得袖摆曲线。

原型虽然是固定尺寸的基本型，但是因人而异，也就是说，每个人都可以建立自己的原型，从这个意义上说，原型是独特的。但是，由于原型中只包含两个人体最基本部位尺寸，当人体净胸围和背长相同，而肩宽、肩斜度、胸宽、背宽、袖窿宽等尺寸不一样时，作出的原型却仍然没有区别，这就需要修正原型，然后在修正合适的原型基础上再进行成衣结构制图。

第三节 衣身结构平衡理论

服装结构的平衡是指人体穿着服装时，前、后衣身在腰节线以上的外观形态应合体、平整、平衡、稳定，表面无造型因素所产生的皱褶。服装结构的平衡包括构成服装几何

形态的各类部件、部位的外观形态平衡和服装材料的缝制效果平衡。结构的平衡决定了服装的形态与人体吻合的程度以及视觉美感，衣身结构是否平衡是服装质量评价体系中的重要组成部分，是评价服装质量的重要依据。

达到衣身整体结构平衡，关键是如何消除前浮余量。

一、衣身结构平衡形式

衣身结构平衡的关键是前衣身浮余量消除的形式和数量。衣身前、后浮余量是指衣身覆合在人体或人体台上，将衣身纵向前中心线、后中心线及横向胸围线、腰围线分别与人体或人台的标志线覆合一致后，前衣身在胸围线以上（肩缝、袖窿处）出现的多余量称前浮余量，也称胸凸量。后衣身在背宽线以上（肩宽、袖窿处）出现的多余量称后浮余量，也称背凸量。

二、衣身结构平衡要素

影响衣身结构平衡的要素主要包括以下 3 个方面。

1. 衣身前、后浮余量的消除

衣身前、后浮余量的消除需要考虑以下因素。

（1）决定因素。决定衣身前、后浮余量大小的因素有 3 个，即人体净胸围（考虑穿着文胸状态）、垫肩量、胸围宽松量。胸围越大，前、后浮余量越大，反之越小。

（2）垫肩量。通过实验可知，肩部垫肩量每增大 1cm，对于前衣身，可消除 1cm 前浮余量，对于后衣身，可消除 0.7cm 后浮余量，原理是加垫肩后使 BL 以上部位逐渐趋于平顺，因此垫肩对前浮余量的影响为 1 个垫肩量，对后浮余量的影响为 0.7 个垫肩量。

（3）衣身胸围松量。胸围趋大，则衣身与人体的贴合程度趋小，浮余量减少。当胸围松量达到一定较大数值时，衣身胸围松量对前、后浮余量的影响值便不再减少。

2. 内衣的影响值

内衣的影响值主要是指内衣厚度的影响。内衣厚度 ● =0.3cm。冬衣取值 ● =0.7 ~ 1cm，春秋衣取值 ● =0.4 ~ 0.6cm，夏衣取值 ● =0。

3. 材料厚度

当材料具有一定厚度时，会使上、下衣身在重叠后产生衣服穿着时胸围变小的感觉。此时必须增加左、右前门襟处材料厚度对胸围影响的值 b（一般 ≤ 1cm），在后衣身的背缝，若采用包缝缝型时，也应进行上述改动。冬衣取值 $b=0.6~1cm$，春秋衣取值 $b=0.3~0.6cm$，夏衣取值 $b=0~0.3cm$。

三、消除前浮余量的三种形式

1. 梯形平衡

前衣身浮余量也可不用省道的形式消除，而是将其向下挎至衣身底边，以下放的形式消除。一般将前衣身原型下放，低于后衣身原型，两者差即为前浮余量下放量（一般≤2cm）。此类平衡适用于宽腰服装，尤其是下摆量较大的风衣、大衣类服装。

由于人体在外衣内部穿有各种厚度的内衣，其纵向厚度会对外衣在胸围线以上前、后衣身肩缝处的长度产生影响，在肩缝靠近 SNP 处要加少许松量。

2. 箱形平衡

用收省形式消除。将前衣身腰围线与后衣身腰围线放置在同一水平线上，则前、后衣身原型侧缝多余的量（前浮余量）转化为袖窿松量或省量。省道的形式根据省尖的指向分为指向 BP 点和偏离 BP 点两种。指向 BP 点的省是省尖指向 BP 点，省位可围绕 BP 点成 360° 的方位。偏离 BP 点的省包括撇胸及其他省尖不指向 BP 点的胸省。

用工艺归拔的方法消除。前浮余量可转化为撇门量(不对准 BP 点的省)。在衣身原型上，过 BP 点作前中线垂线，折叠侧缝省量的一部分，如将≤1.4cm 左右的量转移至前中线，则领口上平线产生撇门量，即将部分前浮余量转化为撇门量。

工艺归拔一般用来消除袖窿、门襟处的浮余量。从一定意义上说，用工艺形式消除的前浮余量也是省量，只不过是分散的省的形式。

此类平衡适用于卡腰服装，尤其是贴体风格服装。

3. 梯形—箱形平衡

用部分下放、部分收省形式消除。将梯形平衡和箱形平衡相结合，即部分前浮余量用下放形式处理，一般下放量≤1cm；另一部分前浮余量用收省（对准 BP 点或不对准 BP 点）的形式处理。此类平衡适用于较收腰的较贴体或较宽松风格的服装。

（1）女装衣身整体平衡应用。女装衣身平衡采用梯形平衡、箱形平衡和梯形—箱形平衡三种形式。

（2）男装衣身整体平衡应用。男装衣身平衡主要以箱形平衡和梯形—箱形平衡形式为主。

四、消除后浮余量的两种形式

后浮余量的消除与衣身整体结构平衡无关，它只关系到衣身后部的局部平衡，后浮余量消除方法有两种。

1. 收省

后浮余量用收肩省(对准背肩胛骨中心的任一方向的省)的方法消除。省尖位置是以肩胛骨中心为圆心的 360° 旋转。

2. 肩缝缝缩

将后浮余量转入肩缝，形成分散的省的形式，然后用缝缩的方法解决。

第四节　袖窿宽对衣身结构平衡的影响

一、袖窿宽结构设计原理

1. 袖窿宽的含义及重要性

如图 2-3 所示，前、后袖窿宽分别是指前、后袖窿上相应的点到侧缝延长线的垂直距离。对于打板师来说，袖窿宽的取值非常重要，它的大小影响前衣身和后衣身袖窿处的盖势大小，即余量的多少。盖势偏大，说明前胸宽或后背宽的松量偏大，合体度降低；盖势越小，说明前胸宽或后背宽松量越小，也越合体。

实际上，我们可以将前胸宽、后背宽、袖窿宽看作人体的三个面——前面、背面、侧面。前胸宽和后背宽的取值直接影响袖窿宽的大小，前者越大，后者越小。但袖窿宽不能小于人体袖窿宽的净尺寸，否则人体穿着服装时袖窿会因为偏紧而不适。

2. 袖窿宽结构设计原理

对于 160/84A 人体净尺寸，净前胸宽约为 15.5cm，净后背宽约为 17cm，净袖窿宽约为 10.5cm。以女上装原型制图为例，胸围放松量为 10cm，半身制图松量即为 5cm，一般情况下，前胸宽放松量取 1~1.5cm，后背宽放松量取 1~1.5cm，剩余的大约 2cm 的松量作为袖窿松量存在。袖窿松量大于前胸宽和后背宽松量是合理的，因为手臂的活动范围比前胸和后背的活动幅度大得多。当然，三者的松量分配也要根据款式需要来定，当袖子非常合体，袖窿松量偏小，前胸宽、后背宽松量可大可小，根据胸围总体松量而定，做出的服装款式也会有很大区别。

图 2-3 是女上装比例法旧原型结构制图。经测量得知，前袖窿宽＋后袖窿宽 =10.63cm，相对于胸围 10cm 的放松量来说，袖窿放松量明显偏小，袖子会紧窄不适，因此在利用此原型进行成衣纸样设计时，势必需要修正袖窿松量和袖窿深度，以满足袖子的舒适度。

二、侧缝线的变化对袖窿宽的影响

实际上，文化式老原型收全省时是接近合体的形态，无论侧缝还是肩线均处于较为平衡的状态。侧缝线的位置对于衣身结构平衡有很大的影响，当侧缝线偏前时，前片容量变小，穿着时总需借用后片的容量来满足前身的需要，因此容易出现服装肩线向前跑的现象；反之则会向后跑偏。不仅如此，随意改变侧缝线的位置和倾斜度，还会导致袖窿宽的无故变化，使得袖窿出现各种不适状况。如图 2-4 所示，延长原型后片侧缝斜线 p' 得射线 pp'，自后片下背宽横线端点向 pp' 画垂线得垂线段 p''，即为后袖窿宽。当把侧缝斜线 p 改为竖直线 m 时，延长 m 得射线 mm'，同样过下背宽横线端点向 mm' 画垂

线得垂线段 m'' ，明显地，我们发现 $m'' < p''$ ，前片同理，导致最直接的结果就是整个袖窿宽变小，绱袖之后，袖子紧窄不适。

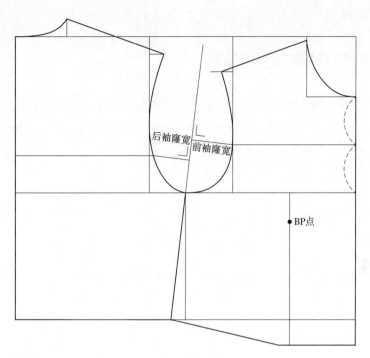

图 2-3　衣身袖窿表示方法

导致出现上述现象的本质原因是侧缝的角度改变的同时袖窿部位没有进行相应的变化。我们可以这样理解，原型制图的直接依据是有机的人体，而人体在进行活动时，不可能只是某个部位单一线条的变化，而是某个面有机组合地扭动或拉伸，服装结构也一样。因此，箱型（H型）服装并非直接改变侧缝斜线呈直线就能实现，这是由于人体是由多方位的曲面组成，而非多个平面。箱型也并非是指服装整体呈简单的筒型，而主要是针对腰部造型而言，应在保证胸宽、背宽、袖窿宽适体的情况下，衣身仍然设计部分省道，以作出胸部立体造型和胸部以上人体倾斜面的适体状态，剩余的部分省道则作为腰部松量存在，

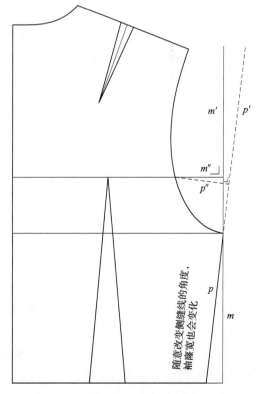

图 2-4　侧缝线角度变化对袖窿宽的影响

以在外观上呈现胸腰的筒状造型。实际上，如果前衣身设计省道量为零，胸部以下的造型为 A 型，而非 H 型。因此得出结论：合体服装的侧缝线不能随意变动，否则会对袖窿宽有不合适的影响（图 2-5）。

三、省道转移对袖窿宽的影响

如图 2-6 所示，前片部分腰省转移到前中形成前中省，前袖窿宽由 a 变为 b，而 $a=b$，说明袖窿宽不变。可以得出结论：当把袖窿宽和侧缝线放在一个整体中进行转省时，二者的相对位置不变，袖窿宽也不变。

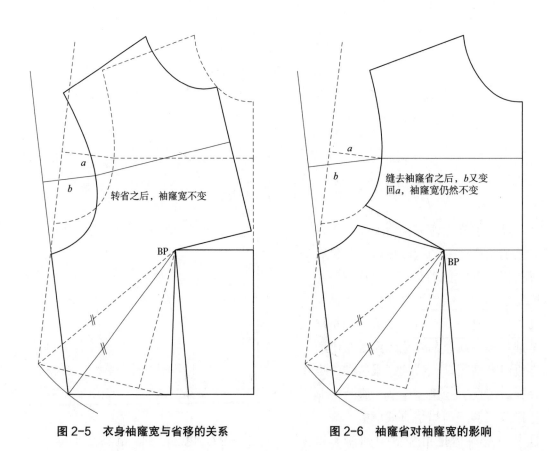

图 2-5　衣身袖窿宽与省移的关系　　　　图 2-6　袖窿省对袖窿宽的影响

那么，当袖窿宽和侧缝线没有放在一个整体中进行转省时，袖窿宽会有什么变化呢？如图 2-6 所示，我们将新省线设计在前袖窿宽线与侧缝线之间，即袖窿宽线以下的袖窿弧线。转省之后的袖窿宽线由线段 a 变为了线段 b，很明显，$b > a$，但是并不能得出转省之后前袖窿宽变大了的结论，因为，袖窿宽线与侧缝线之间增加了袖窿省，而袖窿省在工艺上是需要缝去的衣片量。

当把袖窿省缝去，省道以下的前衣身袖窿部分又会回到原来的位置，同时袖窿宽线又与原袖窿宽线重合，因此得出结论：在施省量不变的前提下，当袖窿宽和侧缝线没有放在一个整体中进行转省时，成衣袖窿宽仍然不变。若省道转移之后不再收省，而将转移后的省量作为衣身松量存在，则袖窿宽相应变大。

所以说，在施省量不变的前提下，转省对袖窿宽没有任何影响，它只是改变了省底的位置，而没有改变衣片的贴体度和衣身平衡性。

四、旋转腋下部分衣片对袖窿宽的影响

如图 2-7 所示，我们将腋下部分衣片简称为腋下片。腋下片的分割线位置是影响袖窿宽大小的关键因素。可以设定分割线与腰线垂直，当分割线上端点高于或等于下背宽线右端点时，腋下片的旋转对袖窿宽基本没有影响；而当分割线上端点低于下背宽线右端点时，腋下片的旋转低于袖窿宽影响较大。向左侧旋转腋下片结论相同。

实际上，这与腋下片的面积有关，腋下片分割线太低时，腋下片是不完整的，只有完整的腋下片整体旋转时，才不会对袖窿宽造型产生影响。

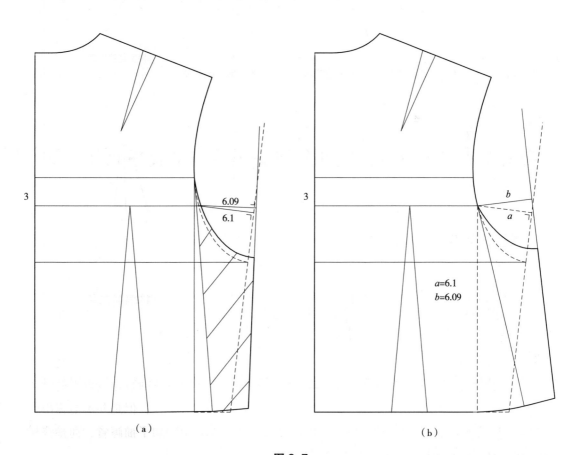

（a）　　　　　　　　　　　　（b）

图 2-7

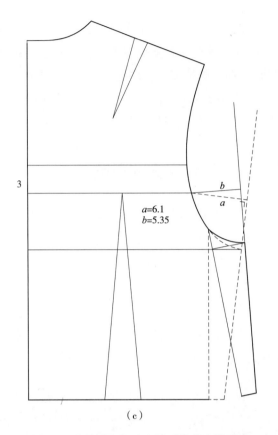

a=6.1
b=5.35

(c)

图 2-7　旋转腋下部分衣片对袖窿宽的影响

第五节　基于衣身结构平衡理论的衣身变化原则和方法

一、合体原型变化方法研究

1. 原型变化呈合体造型

以上原型是第一代文化式原型的绘制方法，此原型比较适合亚洲女性使用，在进行宽松或较宽松服装制图时可以直接利用。但在绘制合体服装时，有以下 5 个方面需要进行调整才会达到适体的效果。

（1）肩斜度。此原型的肩斜比我国女性普遍偏小，因此原型肩端点需要降低 0.3 ~ 0.5cm。

（2）后颈点。不修改任何数值，直接利用女上装原型作出的样衣，穿在标准 160/84A 的人台上显示，后颈点低于人体后颈点约 0.3cm。

（3）袖窿深。原型袖窿深偏浅，袖窿容量偏小，尤其绱袖之后袖子紧窄不适，因此需要适当挖深袖窿。

（4）袖窿宽。前面提到过，原型中的前袖窿宽＋后袖窿宽 =10.63cm 左右，相当于在人体净袖窿宽 10cm 的基础上只有 0.63cm 左右的松量，相对于人体臂部的活动幅度来说远远不够。因此，袖窿宽需要配合胸宽和背宽的减少来实现。

（5）胸宽和背宽。经测量得知，原型前胸宽 =17.06cm 左右，后背宽 =19.06cm 左右，与人体前胸宽和后背宽净值 15.5cm、16.5cm 相差较大，说明原型袖窿部位松量偏多，需要缩减。具体操作步骤如图 2-8 所示。

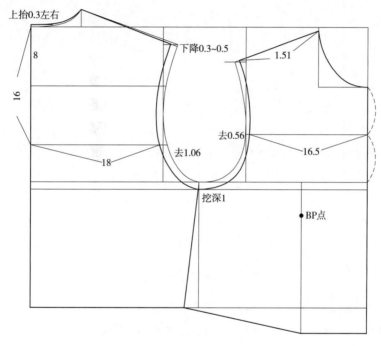

图 2-8　原型变化呈合体造型

①后侧颈点不变，后肩点沿着袖窿弧线降低 0.3 ～ 0.5cm。

②后颈点抬高 0.3cm 左右。

③袖窿挖深 1cm 得新袖窿深点。

④原型后中线顶点竖直向下取号 /10=16cm，作水平线交于袖窿弧线，得下背宽横线；同时平分前颈点至袖窿深线间的前中线，过中点作水平线交于前袖窿弧线，得胸宽横线。

⑤分别在胸宽横线和下背宽横线上取前胸宽 15.5+1（放松量）=16.5cm 得新前胸宽点，取后背宽 16.5+1.5（放松量）=18cm 得新后背宽点。

⑥宽点和新袖窿深点画平滑、圆顺且与原后袖窿弧线近似平行的新后袖窿弧线，交新肩线于一点，为新肩点。

⑦测量后肩线长，并记录为 ★ =13.25cm；同时自前侧颈点沿肩线取长 ★ −1.5cm= 11.75cm，得新前肩点。

⑧过新前肩点、新前胸宽点、新袖窿深点画平滑、圆顺且与原前袖窿弧线近似平行的新前袖窿弧线。

2.省道设计

（1）画前腰省（图2-9）。

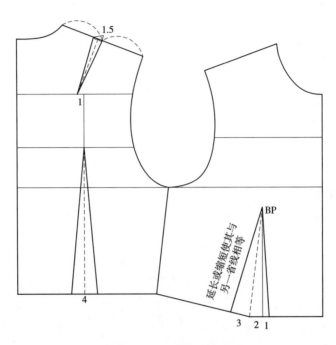

图2-9　合体原型省道设计

过BP点向前腰直线作垂线，自垂足水平向右取1cm，所得点直线连接至BP点，得腰省右省线；同时自垂足水平向左取2cm，所得点连至BP点得省中线，同时将点连至前后侧缝线下端点得腰线斜线；自省中线下端点向腰斜线取3cm，所得点连至BP点，得腰省左省线。比较两条省线的长度，同时延长或缩短左侧省线使其与右侧省线等长。腰省完成。

（2）画后肩省。自后中顶点向下取8cm画水平线；平分后肩线，中点即为肩省右侧省端点，然后自此点沿肩线左取1.5cm的省大；平分省大，以中点为垂足向上述水平线画线段，交点即为省尖点；分别直线连接省尖点至两个省端点，肩省完成。

（3）画后腰省。自肩省的省尖点水平向右取1cm，过点作铅直线交到腰直线上，自交点左右分别取2cm，得4cm省大；自原型后中上端点向下取16cm作水平线，与上述铅直线交点即为后腰省肩点；直线连接两个省端点至省尖点，得后腰省。

一般情况下，利用原型法制图时，需将侧缝线取齐，同时前、后腰线也要取齐，最好也是最实用的办法便是省道转移。如图2-10所示，旋转部分腰省至侧缝部位，形成侧省，使得腰线斜线与前后腰水平线平齐，剩余的省量作为腰省存在。这样形成的纸样是最实用的原型。腰省在一般的款式中都能用到，尤其是合体款式中，常将侧缝转移至其他部位，如肩线、领窝、前中、袖窿等，形成肩省、领省、前中省、袖窿省，然后与腰省连接形成分割缝。一举三得，方便实用。既能使前、后侧缝等长，又能使前、后腰线在同一水平线上，同时为部分省道转移提供了便利。因此，对前腰省分解形成两个省道的分配方法最为方便实用，因为侧省常常被用来转移形成胸凸省，以消去胸部以上衣片的浮余量，形成胸部以上的立体状态。

胸凸省是人体胸围线以上的省道，该省的大小是由胸部以上的人体形态决定的。由于胸部的向前突出，颈窝点、锁骨、前肩凸和前腋点都落在胸凸的后面，胸凸与这些落后的点形成厚度落差，厚度落差越大形

图 2-10　合体原型

成的胸凸省道就越大，反之则越小。胸凸省是体型省，也是平衡省，款式变化时，还能是造型省和功能省，修身收腰的时候又可以是体表长度。凡厚度的变化都和胸凸省有关（图 2-11）。

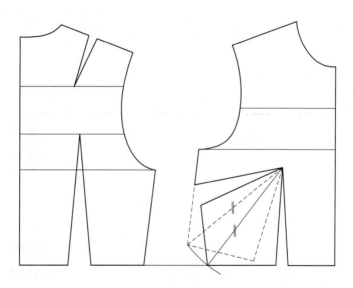

图 2-11　合体原型省道重新分配

二、H型（箱型）女上装原型变化

箱形原型上有三个省道，前片的胸凸省、后片的肩胛省和肩斜（也可看作省道），衣身的整体平衡就是由这三个省道控制的。当体型和材料一定时，在衣身平衡的前提下，这时三个省道的取值是最大值。省大取值会随着造型和功能变化（图 2-12）。

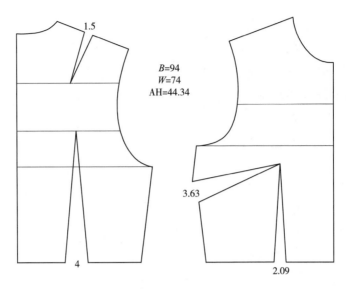

图 2-12　合体原型

1. 箱型原型变化过程

箱型原型变化过程如图 2-13 所示。

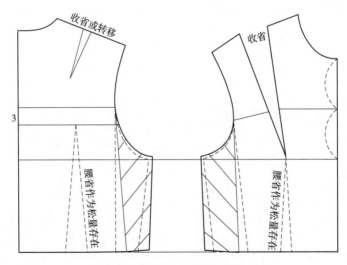

图 2-13　箱型原型变化过程

（1）后片肩胛省。根据衣身后肩部造型，收省或者将省道转移到过省肩点的分割缝中。

（2）后腰省。不做处理，不收省，省量直接作为宽松量存在。

（3）前腰省。转移全部前腰省，形成胸省。胸省的位置可以在肩部、在袖窿、在领窝，具体根据款式需要而定。

H 型衣身并不代表不收省。因为人体前部有胸凸的存在，所以不仅存在较大胸腰差，同时人体前部胸围以上也是个较大的倾斜面，无论服装风格是合体还是宽松，人体前倾斜面部位都要保证适体。所谓箱型，实际是指胸部和腰部大体呈筒状，胸围以上或包括胸围较适体。保证胸围以上斜面适体的关键技术就是收胸省。

（4）旋转部分衣片呈筒状。过前片胸宽横线（过袖窿深线以上部分中点的水平线）与袖窿弧线的交点作侧缝线的平行线，即为侧缝部位衣片的分割线，形成的侧片也称腋下片。以此线为准旋转侧片，使侧缝线竖直为止。

2. 箱型原型变化原理总结

（1）只有完整的腋下片整体旋转时，才不会对袖窿宽造成影响。

（2）合体服装的侧缝线角度不能随意变动，否则会对袖窿宽有不合适的影响。

三、A 型上装原型变化

A 型服装是在 H 型基础上减小胸省收省量，同时扩大底摆而成（图 2-14）。

1. 省道处理

（1）后片肩胛省。一般情况下，后肩部不收省，因此后片肩胛省需要处理掉。方法是：后侧颈点开大 0.5cm，后肩点去掉 0.5 ~ 1cm，以使前肩线与后肩线基本等长，余量可通过后肩吃势解决。

（2）后腰省。不做处理，不收省，省量直接作为宽松量存在。

（3）前腰省。部分转移前腰省，形成较小的胸省。胸省的位置可根据款式设计，一般在领窝处较常见。

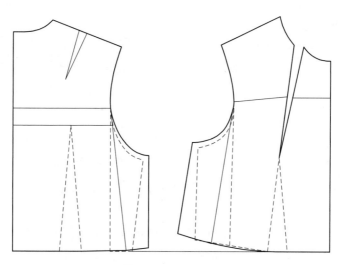

图 2-14　A 型原型

2. 衣片廓型处理

旋转部分衣片呈 A 型。过前片胸宽横线（过袖窿深线以上部分中点的水平线）与袖窿弧线的交点作侧缝线的平行线，即为侧缝部位衣片的分割线，形成的侧片也称腋下片。以此线为准旋转侧片，使侧缝线外扩。

第六节　省道转移原理

一、省道转移的基本概念

1. 省道的概念

所谓"省道"，是用平面的面料包覆人体某部位曲面时，根据曲率大小和服装合体程度折叠缝合去掉面料的多余部分，是因缝合而形成的缝道。省道产生的原因是人体各部位围度之差。当我们将一块平面的面料覆盖在立体的人体上时，想要做出合体状态，就需要依据人体曲面走向来设计面料的余量处理方式，主要的余量集中存在于人体凸出部位周围，如胸凸部位以上的斜面和以下的腰部、肩胛棘突以上的肩部、臀凸以上的腰部。因此才形成了胸省、肩胛省和腰省等。

省道依人体部位可分为胸省、腰省、肩省、袖省、肚省、臀省、领口省、袖窿省、侧省等，还有一个位置比较特殊的省道就是侧缝省。一般情况下，合体或者较合体服装侧缝部位要在腰间收去一定的量，一般在 2cm 以内，实质就是侧缝省，与其他部位省道的区别就在于侧缝省的省量需要减掉，前、后侧缝以此线为准拼合起来，相同之处在于仍然需要缝合形成缝道。省道的形状可根据体型和造型要求设置，常见的有橄榄形省、锥形省、子弹形省等（图 2-15）。

2. 省道的命名

（1）按形状命名。省道按形状命名有锥形省、钉形省、弧形省、橄榄省等。

（2）按部位命名。省道按部位命名有领窝省、门襟省、肩省、袖窿省、腰省、腋下省等。

3. 施省的原理

一件衣服要做得既合体又立体，利用省道来完成是最常用的手段。我们知道人体不是平面的，而是凹凸不平的曲面，尤其是女性的体型曲线线条最为突出。通常，我们用收省或者连省成缝的手法来收掉面料多余的部分使之隆起形成锥面，从而更好地贴合人体，达到立体效果。

从几何上来看，使平面图形转化成立体的圆锥面，方法很简单。只要在圆周上取两个不同的点 A、B，去掉弧 AB 所在的扇形，然后对合半径 AO、BO，即形成立体的圆锥面（图 2-16）。服装正是按照这种几何原理来进行省道设计的，特别是女装的胸省，可以围绕 BP 点周围任一部位设计省道。当然，省的设计不是盲目的，要以人体曲面中心部位为设计依据，能自然、巧妙地符合人体曲面优美状态，省道的方向一般指向人体突出点，或稍作偏移，同时为了保持人体曲面的美感，省尖应与突出点保持一定的距离，这个距离要视省道的位置大小、长度来决定，一般胸省距离 BP 点 3~5cm。

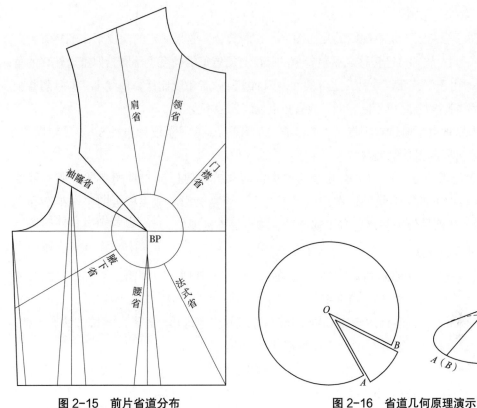

图 2-15　前片省道分布　　　　　图 2-16　省道几何原理演示

4. 省道转移原理

省道转移可以理解为：将部分衣片按照一个中心剪切旋转至衣身的另一个部位，所参与旋转的部分衣片形状、大小、角度、面积等均未发生任何改变，只是发生了平面位置上的变化。无论省道转移与否，只要转移前后施省量相同，缝合衣片之后形成的衣片曲面状态都是相同的，都能达到同样的效果，只是外观上缝道的位置不同。

一般情况下，单个集中的省道缝去量大，往往形成不自然的尖点，外观造型较差；而多个省道由于各部分缝去量较小，可使省尖处造型较匀称而平缓，在实际使用时，具体还要根据款式造型和面料特性而定。

胸省的设计可以围绕 BP 点 360° 旋转作省。省道转移之后，省角度数保持不变，而省量不是一成不变的，具体要根据省底所在部位与省尖点的距离即省线长有关。根据款式设计的要求，可将省道转移到所设计的位置，无论省道设置在哪个位置，只要省尖点指向 BP 点，胸部的立体造型就会相对改变。

二、省道转移的原则与方法

1. 省道转移原则

根据款式造型需要，一个省道可以分散成若干小省道。在使用女装原型来进行省道转移时要注意以下原则。

（1）由于服装纸样是不规则的几何图形，在服装合体效果一定的前提下，围绕省尖点旋转的半径不同，故省道经转移之后新省道的长度与原省道的长度也不同，但省道转移的角度不变。同时由于服装面料具有一定可塑性，因而实际收省角度比计算角度小，并且随着服装贴体程度不同，收省量也不同，但其收省角度始终保持不变。

（2）当新省道不通过省尖点时，如前衣身的 BP 点，应尽量设计通过 BP 点的辅助线，使两者相连，便于省道的转移。

（3）无论服装款式造型多么复杂，省道的转移首先要保证衣身的整体平衡，即要使前、后衣身原型的腰节线保持在同一水平线上，否则会影响成衣样板的整体平衡和尺寸的稳定性，从而易使服装穿着时出现跑前、跑后等不良现象。

2．省道转移方法

省道转移就是一个省道可以被转移到同一衣片上的其他部位，而不影响服装的尺寸和适体性。尽管前衣身所有省道在缝制时很少缝至胸高点，但在省道转移时，则要求所有的省道线必须或尽可能到达胸高 BP 点，然后修正省尖点即可。省道的转移方法有三种，下面以女装的前衣身原型为基础，介绍省道转移的方法。

（1）量取法。将前、后衣身侧缝线的差量即浮余量作为省量，用该量在腋下任意部位截取，省尖对准胸高点 BP（图 2-17）。在画图时要使省道两边等长。

以省线 b 为起始线量取角度 $\alpha'=\alpha=95.64°$，得线段 c'，并取 $c'=c=11.27\text{cm}$；以线段 c' 为起始线量取角度 $\beta'=\beta=96.54°$，得线段 d'，并取 $d'=d=17.12\text{cm}$；以线段 d' 为起始线量取角度 $\gamma'=\gamma=93.82°$，得弧线段 e'，并取 $e'=e=8.03\text{cm}$，同时要保证弧线段 e 与弧线段 e' 弧度相等；以线段 e' 为起始线量取角度 $\omega'=\omega=62°$，得线段 k'，并取 $k'=k=11.62\text{cm}$，在以上操作严谨准确的情况下，线段 k' 最终与线段 k 在 BP 点处重合。由此可见，量取法费时费力，复杂不易操作，而且稍有不慎就会因量取错误而导致转省失败。因此，此法不常用。

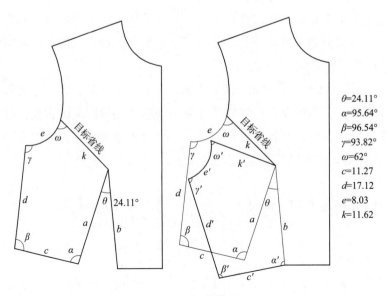

图 2-17　量取法

（2）旋转法。如图 2-18 所示，以省尖点为旋转中心，衣身旋转一个省角的量，将省道转移到其他部位，即通过旋转样板来完成省道的转移，实际打板时常用此法。

以新文化式原型为基础，前片有两个腰省和一个袖窿省，假设目标省线在前肩线上，而我们的目标是合并侧腰省和袖窿省，打开肩省。首先合并 P 点处的侧腰省，省量合并到袖窿省处，袖窿省变大；然后合并袖窿省，打开形成肩省。此法实用易操作。

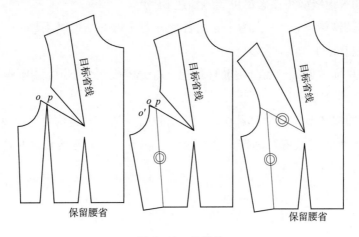

图 2-18　旋转法

（3）剪开法。如图 2-19 所示，在原型纸样上确定新省道的省线位置，然后将新省线剪开但不剪断，同时剪开旧省中比较靠近新省线的那条省线，将两次剪开的中间部分纸样旋转，使剪开的旧省线与另一条旧省线重合，新省线张开的大小即是新省的省量即省大，省道转移完成。新省道的剪开形式可以是直线或曲线形，也可以是一次剪开或多次剪开。这种方法简单直观易懂，适合初学者。以下省道转移，我们用剪切法为例来进行讲解。

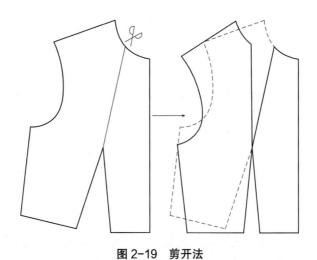

图 2-19　剪开法

三、省道转移的规律和步骤

1. 省道转移规律

（1）转移到其他部位的省道数量越多，越接近全省量，就越接近贴近状态的设计，反之也就越接近宽松状态。

（2）前衣身省道在缝制时一般不会缝至 BP 点，但要指向乳突部位，在省道转移时一般要求所有的省道线必须或者尽可能地到达 BP 点。

（3）转省的次数 = 以 BP 点为中心向各个方向所做的结构线条数——原省道剩余的腰省数（一般取 0 或 1）。

（4）最简单而普遍的全省分解转移是把全省分解成两个省道，并转移到其他位置形成新省道或转移到分隔缝中。

（5）当要将腰省分解成其他部位的两个省道时，两个省道均要向距离腰部最近的方向旋转，最好不要越过其他目标省道位置而进行转省，每个省道转移时均以原型片的初始位置为准进行。

2. 省道转移步骤

（1）判断款式图的对称性，确定前半片还是整前片省道转移。

（2）拓出原型板。

（3）确定并画出目标结构线及腰省消去量。

（4）确定转移方向（一条省线转移方向可顺时针，也可逆时针）。

（5）全部或部分地转移省道。

（6）拓出转移部分纸样的轮廓线（即自目标结构线沿旋转方向至所消去省线的位置）。

（7）画好省线，修顺腰线，加深外轮廓线。

四、省道的作用分析

省道的作用会随着省道在人体上的位置变化，不同位置上的省道，其作用是不同的，可以按静态不变的体型省、控制结构平衡的平衡省、动态变化的功能省、修饰体型变化的造型省来区分。

1. 箱形原型上的省道

箱形原型上有三个省道，前片的胸凸省、后片的肩胛省和肩斜，衣身的大平衡是由这三个省道控制的。当体型和材料一定时，在衣身平衡的前提下，这时三个省道的量值是最大值。

2. 胸凸省

胸凸省是人体胸围线以上的省道，该省的大小是由胸部以上人体形态决定的。由于胸部的向前突出，颈窝点、锁骨、前肩凸和前腋点都落在胸凸的后面，胸凸与这些落后的点形成厚度落差,厚度落差越大,形成的胸凸省道就越大,反之就越小。胸凸省是体型省,也是平衡省，款式变化时，还能是造型省和功能省，修身收腰的时候又可以是体表长度。凡是厚度的变化都和胸凸省有关。

3. 肩胛省

肩胛省是人体背高线以上的省道，该省的大小是由背部以上人体形态决定的。由于背部的向后突出，颈椎点、斜方肌、后肩凸和后腋点都落在背凸的后面，背凸与这些落后的点形成厚度落差，厚度落差越大，形成的肩胛省道就越大，反之就越小。肩胛省是体型省，也是平衡省，款式变化时，还能是造型省和功能省，修身收腰的时候又可以是体表长度。凡是厚度的变化都和肩胛省有关。

4. 肩斜

肩斜实质也是省道，是人体肩部形态的省道，该省的大小是由肩部的斜度、颈肩部厚度与肩端部厚度的差、肩部弯曲向前的前倾度这三个肩部形态因素决定的。当肩部斜度一定时，肩部厚度差越大，肩部省道就越大，反之就越小。前倾度变大时，肩部整体形态更弯曲了，前肩部的厚度差变小时，前肩斜变平，胸凸省会变小；后肩部的厚度差变大时，后肩斜变斜，肩胛省会变大。凡是厚度的变化都是省道的变化，省道就是厚度，省道变了厚度也会改变，人体的形态会变，服装造型也会变。因此，凡是厚度的变化都和肩斜有关。

第七节　省道在上衣原型中的应用研究

一、省道转移

1. 腰省转移成领省

（1）根据款式图在原型样板上画出领省的省线（图2-20）。

（2）将领省剪开至BP点，但不剪断。

（3）旋转剪切线至腰省之间的衣片，部分关闭前腰省。

图2-20　腰省转移成领省

（4）领省部位打开出现另一条领省省线。

2. 腰省转移成腋下省

（1）根据款式图在原型样板上画出腋下省的省线（图2-21）。

（2）将腋下省线剪开至BP点，但不剪断。

（3）旋转剪切线至腰省之间的衣片，部分关闭前腰省。

（4）腋下部位打开形成腋下省。

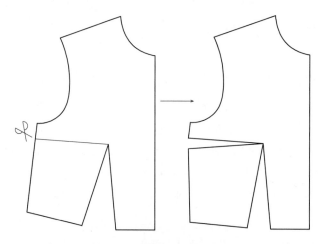

图 2-21　腰省转移成腋下省

3. 腰省转移成肩省

（1）根据款式图在原型样板上画出肩省的省线。

（2）将肩省省线剪开至BP点，但不剪断。

（3）旋转剪切线至腰省之间的衣片，部分关闭前腰省。

（4）肩部位打开形成肩省（图2-22）。

图 2-22　腰省转移成肩省

4.腰省转移成胸省

（1）根据款式图在原型样板上画出胸省（袖窿省）的省线。

（2）将胸省省线剪开至 BP 点，但不剪断。

（3）旋转剪切线至腰省之间的衣片，部分关闭前腰省。

（4）袖窿部位打开形成胸省（图 2-23）。

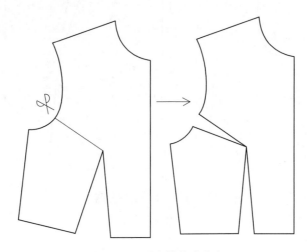

图 2-23 腰省转移成胸省

二、连省成缝——分割线变化

在省位的转移与展开中，几乎所有的变化都是在衣片的外轮廓线上形成的，要将省的变化由外轮廓转移到衣片内指定的位置，就必须要对衣片进行分割。分割线的设计，实际上就是将两个省尖作直线或曲线连接（连省成缝），并将省与分割线有机地结合在一起，使分割线不单具有造型作用，还具有了收省的功能意义。一般情况下，合体服装经常运用分割线来塑造人体曲线美，宽松服装或不用，或用来作装饰线。但应注意，分割线的弧度应把握得当，弧度过大，会造成起空不服帖；相反，弧度过小则容量不够。

1.肩公主线分割

肩公主线分割的要点是穿着时线条比较顺直，简洁大方，前胸斜面平整、合体、美观。它的实质是将腰省的一部分（可以理解为胸省，因为老原型的胸省和腰省合在一起）转移至肩部形成肩省，然后两省连接并修正，使之呈平缓圆顺又自然的弧线造型，同时要保证两条分割线长度基本相等，以便于缝合（图 2-24）。

2.袖窿公主线分割

袖窿公主线分割属于弧线造型分割。穿着时线条为漂亮的弧线，能凸显胸部的丰满造型。其实质是将腰省的一部分转移至袖窿部形成袖窿省，然后两省连接成缝并修正，使之呈圆顺自然的弧线造型，要保证两条分割线长度基本相等，以便于缝合。需要注意的是，腋下片弧线的两头部分弧度应尽量平缓，而胸凸点附近弧度偏大（图2-25）。

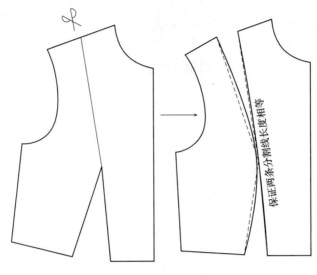

图2-24　肩公主线分割

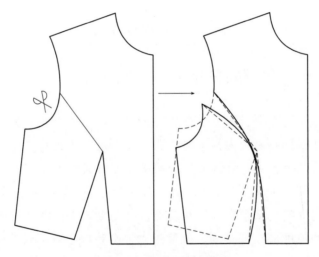

图2-25　袖窿公主线分割

3. 菱型分割

菱型分割属于直线造型分割，指左右前片不同方向的分割线相互组合形成菱形形状。分割线虽为直线，但造型性较强。其实质是将腰省部分转移至领前中部形成领省，另一部分转移至前中与腰线交点处形成前中部位的腰省，将腰线修正圆顺（图2-26）。

4. U型分割

U型分割属于弧线造型分割。穿着时U型造型线起到很好的装饰作用，U型前片服帖美观，在一定程度上弱化了胸部的丰满造型，简洁干练。其实质是将腰省全部转移至省肩点至肩部的U型分割线内，U型分割的水平部分不包含省道，只是单纯的造型功能。注意分割线的弧度应合理而美观，弧度过大会造成鼓包等不服帖现象（图 2-27）。

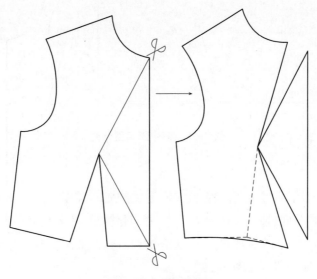

图 2-26　菱型分割

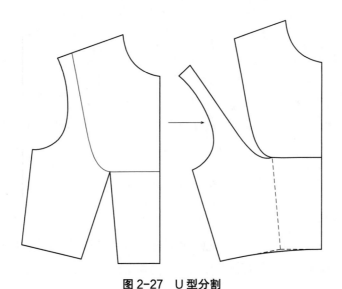

图 2-27　U 型分割

三、其他形式省道转移——过 BP 点的省道线

1. 前中倒 T 型分割

前中倒 T 型分割这种前中分割和过 BP 点的横向分割，实质是将腰省转移至横向分割线中，使其具有造型和功能上的双重意义。具体操作步骤较为简单：首先过 BP 点向前中线作水平分割，然后将全部腰省转移至水平分割线中完成。裁剪衣片时水平分割线以下连裁，以上需要裁断、留出缝份，缝合而成倒 T 型分割线造型（图 2-28）。

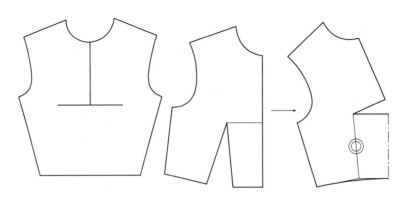

图 2-28　前中倒 T 型分割

2. 凸形分割

凸形分割的形状像一个"凸"字，实质是将腰省转移至"凸"形分割线中，使其具有造型意义的同时起到收掉前片浮余量的作用。具体操作步骤较简单：首先过 BP 点向前中线和侧缝线作水平"凸"形分割，要求分割线自然圆顺又美观，然后将全部腰省转移至靠近侧缝的分割线中即可（图 2-29）。

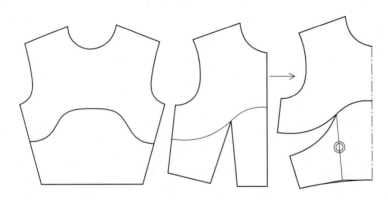

图 2-29　凸形分割

3. 不对称省线——双肩省线

不对称省线——双肩省线的特点是过单侧肩线同时向本侧和对侧肩胛省尖点引两条省线，同时将腰省转移至摆角处。具体操作时，需要利用整个前片来进行转省设计（图 2-30）。

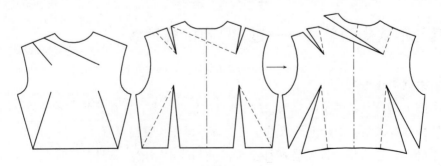

图 2-30　不对称省线——双肩省线

4. 不对称省线——袖窿省与对边侧缝省组合

不对称省线——袖窿省与对边侧缝省组合的特点是过单侧袖窿向对侧 BP 点引一条省线，同时过另一侧 BP 点向同侧侧缝引出另一条省线。具体操作时，还需要一条袖窿省线作为中间省。首先将腰省转移至袖窿辅助线形成袖窿省，然后设计不对称省线，最后分别合并两侧袖窿省，同时打开与之相连的新省线即可（图 2-31）。

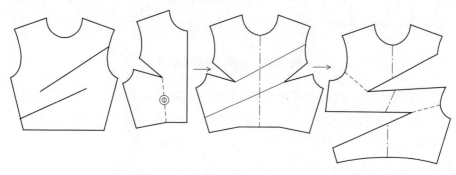

图 2-31　袖窿省与对边侧缝省组合

5. 不对称省线——单侧肩省及其组合省

不对称省线——单侧肩省及其组合省的特点是过单侧肩线向对侧 BP 点引一条省线，同时过另一 BP 点向上述省线与前中线的交点引出另一条省线。操作较为简单，分别合并两侧腰省，同时打开与之相连的新省线即可（图 2-32）。

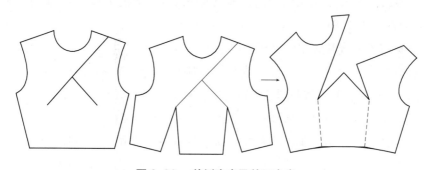

图 2-32　单侧肩省及其组合省

四、其他形式省道转移——不过 BP 点的省道线

此方法的关键和难点是如何设计辅助线，使之可以形成一个中间省，其特点是能承载部分或者全部腰省量、经过目标省线或其延长线的省尖点，并最终能利用剪切法将其省量合并，同时打开新省线形成目标省。

1. 前领省与腰省组合

前领省与腰省组合属于直线造型省道，其特点是指前片领窝左右两侧对称分布着向侧缝方向倾斜的四条省线，其中只有两条指向 BP 点，四条省线均不过 BP 点（图 2-33）。

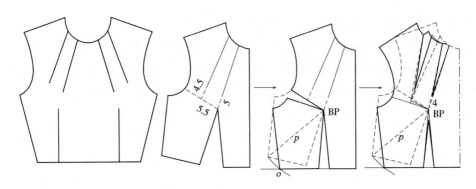

图 2-33 前领省与腰省组合

前领省与腰省组合的实质是将腰省部分转移至袖窿处形成袖窿省，然后合并袖窿省，同时剪开单侧的两条领省省线，使之打开形成领省。此方法在理解和操作上均有一定难度。关键在于对中间步骤——转移部分腰省成袖窿省的理解。款式图中本没有袖窿省，袖窿省只是联系腰省与领省的一个中间环节，设计这个中间环节的原因是两条领省省线虽不经过 BP 点，但其延长线均在过 BP 点至袖窿处的某条辅助线上，因此，我们可以延长两条领省省尖点至辅助线上，同时转移部分腰省量至此辅助线形成袖窿省，最后再利用剪切法进行省道转移即可。

2. 前中树权省组合

前中树权省组合属于直线造型省道，特点是指前中线左右两侧对称分布着类似树权造型的平行省线，其实质是将腰省全部转移至前中线处形成前中省，然后剪开树权省省线，同时合并前中省，形成树权省。具体操作步骤如下。

（1）画树权省中线和倾斜的平行省线（图 2-34）。

（2）作前中省省线。过距离前中线最近的倾斜省线的省尖点作水平线，一侧与前中线相交为止，另一侧分别与另外两条平行的倾斜省线的延长线相交为止。

（3）旋转法转省。转移全部腰省量至前中省线位置形成前中省。

（4）剪切法转省。剪开但不剪断左右对称的 6 条树权省线，同时合并前中省打开树权省。

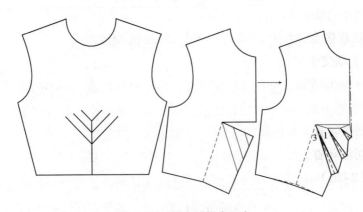

图 2-34 前中树权省组合

3.前肩弧线省与腰省组合

前肩省属于弧线造型省道，特点是前片肩部左右两侧对称分布着漂亮柔和的弧线造型省线，四条省线均不指向BP点，更不过BP点。具体操作步骤如下。

（1）设计肩部省线。注意，弧度应合理且美观。

（2）作辅助省线。设计的原理是过BP点向领窝作一条辅助线，此辅助线可以经过两条肩省省尖点的延长线，方便以下的省道转移操作。

（3）旋转法转省。转移部分腰省量至前领窝处形成前领省。

（4）剪切法转省。剪开但不剪断左右对称的4条前肩省弧线，同时合并前领省打开肩省（图2-35）。

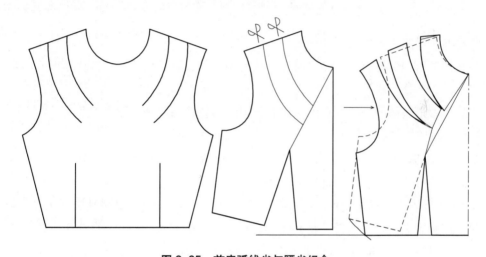

图 2-35　前肩弧线省与腰省组合

4.前腰平行省与腰省组合

前腰平行省与腰省组合属于直线造型省道，特点是前片腰围处单侧设计了两个与腰省平行的省道，我们暂且称它们为"平行腰省"。其实质是将腰省部分转移至过两个平行腰省省尖点的辅助线上，形成侧缝省，然后剪开平行腰省线但不剪断，同时合并侧缝省，形成平行腰省。具体操作步骤如下。

（1）设计平行腰省线和过平行腰省尖点的侧省。自原型袖窿深点沿着侧缝线向下取约6.5cm，此点连接至BP点，得侧省省线；自腰省左侧作腰省省线的两条平行线，两两间距为4cm，上端交于侧省线为止。

（2）设计V型领窝。将前领窝开大1.5cm得侧颈点，然后自侧颈点向领窝弧线画切线且延长至前中线为止，即为前领线。

（3）旋转法转省。转移部分腰省量至侧缝省线位置形成侧缝省。

（4）剪切法转省。剪开但不剪断左右对称的4条平行腰省线，同时合并侧缝省打开平行腰省（图2-36）。

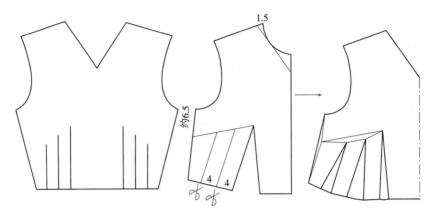

图 2-36　前腰平行省与腰省组合

5.后片袖窿省与侧缝省组合分割

后片袖窿省与侧缝省组合分割属于折线造型分割，特点是后肩胛省转移形成袖窿省，同时将后腰省转移形成后侧缝折线省，然后将两省剪断形成独立衣片。整个过程所利用到的原理除了省道转移的一般原理外，还有省道的移位使用原理，即省大及其位置不变，省尖点移位。具体操作步骤如下。

（1）画袖窿省位。首先过原肩胛省省尖点向袖窿画一条直线，其倾斜度依据款式图而定，此处连接至袖窿弧线中部较为合适。

（2）肩胛省省尖移位使用。延长后腰省省中线，向上至与袖窿省线相交为止，得点；最后保持肩胛省大及位置不变，将其省尖点移至以上的交点即完成肩胛省尖移位。

（3）侧缝折线省位。沿着后腰省中线取适当的分割线长，然后折向侧缝定出侧缝折线省位。

（4）旋转法转省。转移全部后腰省量至侧缝折线省位形成侧缝省；转移后肩胛省至袖窿省位形成袖窿省。

（5）剪开衣片。沿着肩胛省与后腰省省尖点之间的连线剪断，形成独立且造型独特的侧片轮廓（图 2-37）。

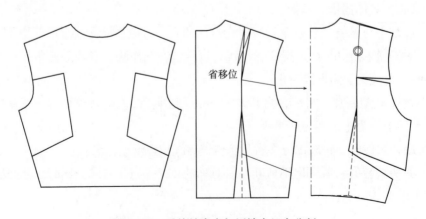

图 2-37　后片袖窿省与侧缝省组合分割

五、褶裥设计

绕 BP 点四周任一位置所作的皱褶可统一称为胸褶。

胸褶和分割一样是胸省的一种结构形式。区别在于，胸省和分割在合体服装中应用较多，而胸褶更适合宽松服装，因为褶皱本身除了作为装饰外，还有充当松量的作用。

作褶的方法一般要通过省道转移和剪切拉展来实现。褶与省的外观效果不同，它具有强调和装饰作用。因此，在结构处理上，只将现有的基本省量转移到皱褶中显然不够，大多还要增加设计量加以补充。可以通过立体裁剪或纸型剪切拉开放出皱褶量。从服饰角度考虑，皱褶的边界线可以设计成任意形态，既可半分割，也可全分割。

1. 腰省转化为育克碎褶

腰省转化为育克碎褶的原理是在前衣片上画出分割线以作出前育克，然后利用前腰省上端省量作出前育克褶缝，多用于女装夏季上衣、连衣裙等。操作步骤如下。

（1）画出前育克线。按图中位置定育克线。

（2）合并育克。将腰省截断的两片育克无缝连接并圆顺连接线。

（3）设计前片褶量。圆顺连接前片分割线，把前片侧缝向外扩摆出 3cm 的量以作出充足的褶量。

（4）追加前中褶量。若需增强前褶的装饰效果，可以追加前片的褶量。做法是自前片分割线向衣身袖窿、肩线和领窝弧线画分割辅助线，然后沿着辅助线剪切拉展开一定的量，以把育克线加长作出大量的褶皱效果。最后重新画顺前育克褶缝即可（图 2-38）。

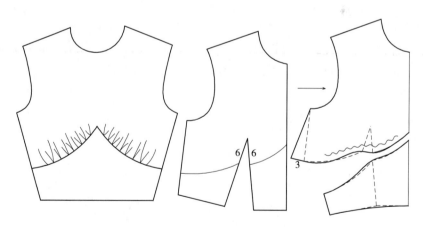

图 2-38　腰省转化为育克碎褶

2. 腰省转移为领省作垂褶领

腰省转移为领省作垂褶领的原理是在前衣片上画出领窝线和分割辅助线，然后剪切拉展出领部褶量。这种褶多用于女装夏季上衣、连衣裙、春款长袖衬衫等。操作步骤如图 2-39 所示。

（1）转移省道。将前腰省转移至领窝中部形成领省。

（2）定肩宽、修领窝。将肩线平分，剩余 1/2 作为肩宽，中点即为侧颈点。自侧颈点向前中线的延长线作垂线段，即为前领窝线。

（3）设计领褶分割辅助线。自侧颈点沿着肩线每隔 1cm 设计一条分割辅助线，然后将其圆顺连接至前中心线上相应的位置。

图 2-39　腰省转移为领省作垂褶领

（4）设计褶量。把每条分割辅助线向外扩展 5cm 的量以作出充足的前胸垂褶量。

（5）拉展褶量的两种形式。一种是肩线长度不变，只作前中部位的展开量。这种做法从肩缝无褶到前中最大褶量，褶量逐渐变多。另一种是肩部与前中部一起平行拉展褶量。这种做法的效果是肩缝处需要按照展开量缝合两个顺褶，前中部褶量自然垂落，整个前领部位褶量比第一种丰富些。

两种褶最后都要进行修正。方法是：褶展开后，无论前中心线右侧多出怎样的轮廓，均需要以前中心线为准去掉。

3. 前中抽碎褶

前中抽碎褶的原理是将前衣片的腰省转移形成前中省，然后作横向剪切，拉展出前中线余量，以作褶。这种褶大多用于女装夏季上衣、衬衫、连衣裙、春秋季长袖衫等。操作步骤如下。

（1）设定前中心省位。如图 2-40 所示，定出前中心省位。

图 2-40　前中抽碎褶

（2）转省。剪开前中心省位线，然后转移腰省形成前中省。

（3）追加前中褶量。为了加强前中心褶的装饰效果，于前中线处设计分割辅助线，然后剪切拉展出所需的前中褶量即可。最后重新画顺前中心曲线及腰线。

4. 前过肩褶

前过肩褶的原理是在前衣片上，将腰省转移成前肩省，然后利用前肩省量作出前过肩褶，常用于女装夏季上衣、衬衫等。操作步骤如图2-41所示。

（1）前过肩分割线。由肩线平行向下3cm画出过肩分割线，然后剪开。

（2）转移腰省。将腰省转移至肩中部形成肩。

（3）前过肩褶量。用圆顺自然的弧线连接前片过肩分割线和肩省量。

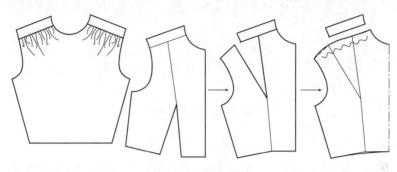

图2-41　前过肩褶

5. 后育克褶

后育克褶的原理是后衣片的育克分割线以下作出的褶，多用于女装夏季上衣、衬衫、连衣裙等。操作步骤如图2-42所示。

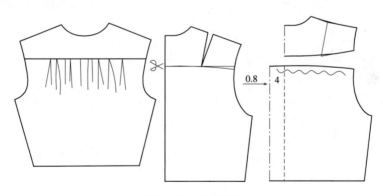

图2-42　后育克褶

（1）后育克线。先由后颈点竖直向下8cm作水平线，交于后袖窿弧线，然后在袖窿处作0.8cm的开口，圆顺画出后片的上口弧线。

（2）转移后肩省。首先将后肩省的省尖点延长至育克线，然后转移后肩省至育克线的袖窿处。

（3）设计后育克褶量。在后育克分割线以下，后中心线平行向外扩出4cm以满足育克褶量，褶量集中在后中线两侧附近。后中线为连裁线，故后育克褶量实际大小为8cm。

6. 前领窝褶

前领窝褶的原理是将前衣片的腰省转移至领窝形成领省，然后利用前领窝省量作褶，多用于女装夏季上衣、礼服、连衣裙等。操作步骤如下。

（1）设定前领窝省位（图 2-43）。

图 2-43　前领窝褶

（2）省道转移。将腰省转移至前领口省位线，形成前领窝省。

（3）修顺前领窝弧线。按照原型前领窝的弧线走向，圆顺连接前领窝省，同时圆顺画出腰线。

7. 前腰省褶

前腰省褶的原理是将前腰省侧部的衣片，利用剪切拉展的手法展出所需的褶量，多用于女装夏季上衣、礼服、连衣裙、大衣等。操作步骤如图 2-44 所示。

图 2-44　前腰省褶

（1）设计侧片分割线。根据所需褶量大小来设计分割线的数量和展开的褶量大小。图 2-44 中均匀地设计了 5 条分割线。

（2）剪切拉展。从最上面开始，每条分割线自腰省的省线一端向外均匀拉展 3cm 的量，最终形成足够大的褶量。

（3）修顺前腰省线。圆顺连接各个展开的褶量即可。

8. 高腰线褶

高腰线褶的原理是在前衣片上利用高腰分割线作出的高腰线褶，多用于女装夏季上衣、礼服、连衣裙等。操作步骤如图 2-45 所示。

（1）设定高腰分割线位。自腰省省尖点沿着省线取值6cm，定出高腰分割线位。注意两条省线上分割线的位置要平衡。

（2）合并腰片。圆顺连接分割线以下的两个腰片。

（3）剪切拉展。由于前片分割线处腰省省量偏小，不足以作出足够的褶量，这里需要对前片进行剪切拉展，以作出充足的褶量。

（4）圆顺连接高腰分割线，完成制图。

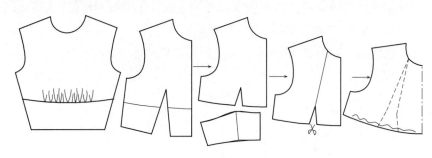

图 2-45　高腰线褶

9. 斜侧缝省褶

斜侧缝省褶的原理是将前衣片的腰省转移成斜侧缝省，然后作褶，多用于女装夏季上衣、连衣裙等。操作步骤如下。

（1）设计侧缝省线。如图2-46所示，定出侧缝省分割线的位置。

（2）修正前腰省宽。为使胸下围更加合体，需要把侧缝省线处的腰省分别向两边加宽0.7cm。具体根据实际情况而定，若此围度偏大，也有收缩省量的可能。

（3）合并和连接前腰省。侧缝省线以下的部分需要无缝衔接，并修正圆顺；而对于侧缝省以上的衣片，首先要将腰省省线前部的侧省线部分剪开，然后圆顺连接并修正。如此修正的目的是便于裁剪衣片和缝合。

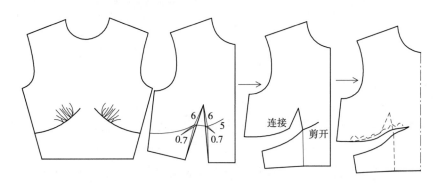

图 2-46　斜侧缝省褶

10. 胸褶

胸褶的原理是过侧颈点设计公主分割线的位置，同时将腰省转移至此分割线中，使公主分割线不仅具有造型上的美观性，同时具备了合体收省的功能意义。公主分割线包含省道的设计，多用于女装夏季上衣、礼服、连衣裙等。操作步骤如图 2-47 所示。

（1）设计公主分割线。首先画出过侧颈点的公主分割线，使其底部偏离腰省，不与腰省重合。

（2）设计前中抽褶部位。自公主分割线与袖窿深线交点沿着分割线向上取值 3cm，然后连接前中线处的袖窿端点至此点。保留此线以下的衣片部分，即为前中抽褶部位。

（3）转移腰省。将腰省转移至公主分割线中，而前胸抽褶部分的腰省合并。

（4）设计水平分割辅助线。将前中线四等分，设计 3 个展开褶位，然后每个褶位平行向上展开 4cm 的褶量，3 处共展开 12cm 的褶量。

（5）修正轮廓线。如图 2-47 所示，修正展开部位的外轮廓线。

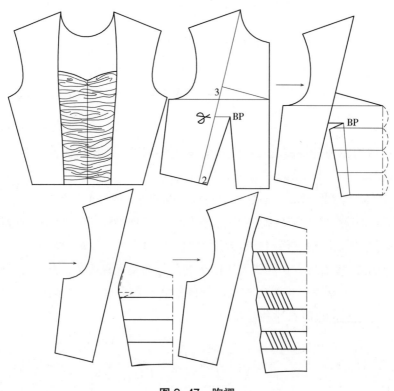

图 2-47　胸褶

11. 公主线褶

公主线褶的原理是将前片腰省的一部分转移至肩部形成肩省，连省成缝，然后分割展开作褶，多用于女装夏季上衣、礼服、连衣裙等。操作步骤如下。

（1）设计公主分割线。反向延长腰省前侧省线至肩线，即为公主分割线。

（2）转省。将腰省的部分转移至公主分割线中，形成肩省，然后连接肩省与腰省省线，并修顺成完整的圆顺弧线。为使公主分割缝的弧度更加符合人体前部的弧度造型，于公主分割线左侧的肩线处，延长 0.5cm，同时自肩点缩短肩线 0.5cm，以满足造型的同时保证肩长不变。

（3）设计展开褶位。均匀定出 5 处展开褶位，然后按图展开 2cm 褶量。

（4）最后圆顺修正公主分割线，完成制图（图 2-48）。

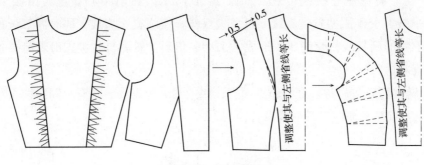

图 2-48　公主线褶

12. 单肩褶

单肩褶因为款式为不对称设计，故需要利用整个前片来进行制图。这种褶的原理是设计肩褶线分别通过两个省尖点，然后将两个前腰省转移至肩褶线中，从而在前衣片上作出不对称但合体的单肩褶，多用于女装夏季上衣、礼服、连衣裙等。步骤如图 2-49 所示。

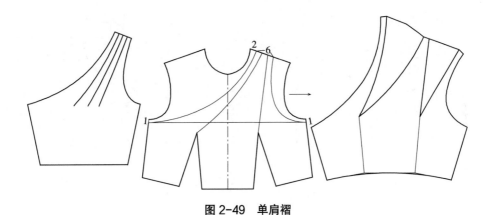

图 2-49　单肩褶

（1）画出整个前片。利用左右对称画出两个合并的前片结构图。

（2）设计肩宽和褶位。自原型侧颈点沿着肩线取值 2cm 得侧颈点，自侧颈点取 6cm 作为肩宽。同时三等分肩宽，定出肩部褶位。

（3）设计前片轮廓线。左侧袖窿挖深 1cm，后圆顺连接至右肩侧颈点处。右侧同样挖深袖窿 1cm，之后修顺袖窿弧线。

（4）腰省转移。把两侧的腰省分别转移至右肩褶线中。

（5）修正肩线，完成制图。

13. 塔克褶

这种人工折叠熨烫而成的褶叫塔克褶，是按照规律折烫的褶子，区别于缝缩而形成的自然褶。这种褶的基本原理是将前衣片的腰省转移成肩省，同时把肩省归并到褶缝中，多用于女式夏季时装、礼服、衬衫、连衣裙等。操作步骤如下（采用原型剪开法）。

（1）设计塔克褶缝横线位置。如图 2-50 所示，在前中心线上，由腰节线往上 8cm 作水平线，交于原型腰省省线。过省尖点作竖直线交至肩线，同时向下延长至与塔克水平分割线的延长线相交为止，形成一个小三角形。然后自省尖点沿着另一条省线作同样的三角形。

（2）转移腰省成肩省。合并原型腰省，将省线 b 与省线 a 重合，同时两个小三角形也正好重合。前肩分割线打开形成肩省。

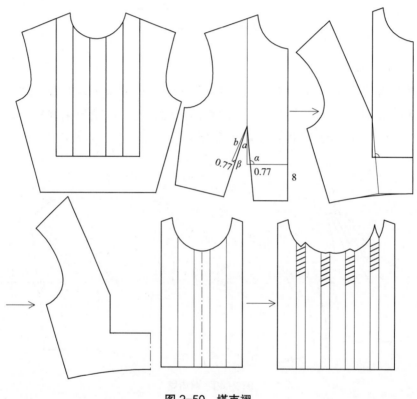

图 2-50　塔克褶

（3）定出褶位。塔克水平和竖直分割线形成前中褶面，以前中线为对称轴画出整个前片褶面，再把褶面宽度分成 5 等份。

（4）展开褶位。把 5 个褶面之间分别展开 2cm 的褶量。

（5）折叠熨烫 4 个 2cm 的褶量。塔克褶可以不压明线，也可以压明线定型。

第三章　新文化原型变化原理研究

第一节　新文化原型绘图方法

一、第七版新文化原型

第七版新文化原型是在第六版的基础上于 2000 年推出的，在第六版的基础上结合现代年轻人体型更丰满、曲线更优美的特征，以及第六版原型在理解和应用上的缺点而推出的。新文化原型是箱型，胸省的大小随胸围大小而异，符合女性体型实际情况，胸省量较第六版明显增大，前后胸节差也明显增大，符合现代女性体型，腰省分配更合理，与人体间隙均匀，便于特殊体型的修正。

1. 规格设计

胸围 B= 净胸围 B^*84+ 放松量 12=96cm，腰围 W= 净腰围 W^*68+ 放松量 6=74cm，背长 BL=38cm（表 3–1）。

表 3-1　第七版新文化原型规格

单位：cm

号	型（B^*）	胸围松量	成品胸围	腰围松量	成品腰围
160	84	12	96	6	74

2. 制图方法和步骤（图 3-1）

（1）作背长线。取一竖直线段 38cm。

（2）作下平线。自背长线下端点取 B^*/2+6=84/2+6=48cm 作水平线段。

（3）定袖窿深。自背长线上端向下取 B^*/12+13.7=20.7cm 作水平线，即为袖窿深线。

（4）作前中线、上平线。自下平线右端点向上取线段，袖窿深线以上取 B^*/5+8.3=25.1cm，确定前片上平线。

（5）取前胸宽。于袖窿深线上，自左取 B^*/8+6.2=16.7cm，画胸宽线。

（6）取后背宽。于袖窿深线上，自右取 B^*/8+7.4=17.9cm，画背宽线。

（7）作背宽横线。距背长线上端 8cm 作一条水平线。

（8）作 G 线。在背宽线上，于袖窿深线与背宽横线间距的二等分点下移 0.5cm 的点，作水平线，记为 G 线。

（9）定 BP 点。二等分胸宽，该等分点往左移动 0.7cm，并下移 4cm 处即 BP 点。

（10）画 F 线。过胸宽向左量 $B^*/32 \approx 2.6cm$ 的点竖直向上作 F 线，与 G 线垂直相交。

（11）作侧缝线。过背宽线与 F 线之间袖窿深线的二等分点作竖直线。

（12）取前领宽。自前上平线向左取 $B^*/24+3.4=6.9cm$。

（13）取前领深。前领深 = 前领宽 6.9+0.5=7.4cm。

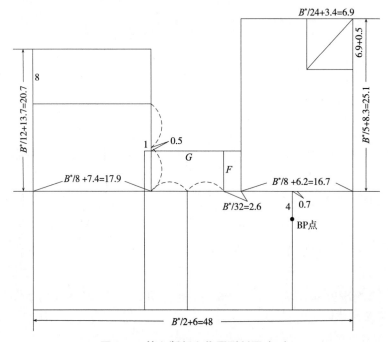

图 3-1 第七版新文化原型制图（a）

（14）作前领口弧线。取前领宽与前领深对角线，取三分之一点下移 0.5cm 为标记点，画顺领口弧线。

（15）作前肩线。量取前肩线与水平线夹角 22°（比值 15 : 6），画斜线，交于胸宽线，然后继续取长使其超过胸宽线 1.8cm 得前肩线长。测得前肩线长 =12.37cm。

（16）取后领宽。后领宽 = 前宽领 6.9+0.2=7.1cm。

（17）取后领高。三等分后领宽，每份记为〇，自后领宽端点竖直向上取〇，作为后领高，得后侧颈点。

（18）取后肩长。量取后肩线与水平线夹角 18°（比值 15 : 5.5），后肩长度 = 前肩线长 + 后肩省量 =14.17cm，其中后肩省 = $B^*/32-0.8 \approx 1.8cm$。

（19）作后肩省。省尖位于后背宽横线的二等分点右移 1cm 的点，过省尖点向后肩线引垂线段，记为省中线。自垂足沿肩线左右分别取省大 /2，省大为 $B^*/32-0.8 \approx 1.8cm$。

（20）作前胸省 18.5°。连接 BP 点至 F 线与 G 线交点，得胸省省线长，以 BP 点为圆心、省线长为半径画圆弧；同时以省线为起始线向上量取角度为 18.5° 的射线，交圆弧于一点，连接该点至 BP 点，得另一省线。胸省完成（图 3-2）。

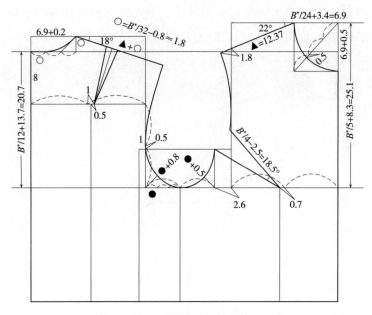

图 3-2　第七版新文化原型制图（b）

（21）定标记点，画袖窿弧线。三等分前、后片分界线（侧缝线）至背宽线的袖窿深线，每份记为●；作袖窿深线与背宽线夹角平分线，并取长 ● +0.8cm 得一标记点；作袖窿深线与 F 线夹角平分线，并取长 ● +0.5cm，得另一标记点。用圆顺光滑曲线依次连接后肩点、背宽横线以下背宽线的二等分点、夹角标记点、前后片分界点、前夹角标记点，并圆顺连接前肩点至胸省上端省线的端点，得前、后袖窿弧线。

（22）计算胸腰差。半身制图胸腰差 =（B−W）/2=11cm。即前、后片制图中腰部收省量之和应为 11cm。

（23）胸腰差值的分配。后中省：后腰省：后腰侧省：前后侧缝省：前腰侧省：前腰省 =7%：18%：35%：11%：15%：14%。计算出省量分别为：后中省 =11×0.07=0.77cm，后腰省 =11×0.18=1.98cm，后腰侧省 =11×0.35=3.85cm，前后侧缝省 =11×0.11=1.21cm，前腰侧省 =11×0.15=1.65cm，前腰省 =11×0.14=1.54cm（图 3-3）。

（24）画省。画省的关键是确定省的省尖点和省中线。后中省——省尖即为后背宽横线与后中线交点，省量分配在后中直线右取 0.77cm 处。后腰省——省中线延长线位于肩省省尖点所在水平线向左 0.5cm 处，省尖位于袖窿深线以上 2cm 处；后腰侧省——省尖点是 G 线反向延长 1cm 点，自此点竖直向下画线交于腰线即为省中线；侧缝省——省尖点即为袖窿深点，省中线即为侧缝直线；前腰侧省——省中线是自 F 线沿袖窿深线右取 1.5cm 处所作竖直线，交于胸省线，交点即为省尖点；前腰省——省尖点位于 BP 点以下 2~3cm 处（图 3-4）。

二、新旧文化原型结构的比较分析

新文化原型的结构与旧的原型结构有很大的区别，比以往任何一代原型改进时的变动都大，甚至可以说已经难觅旧原型的踪影了，下面就从胸围放松量、胸省的设计、肩斜的角度等局部出发来比较研究它们之间的特点。

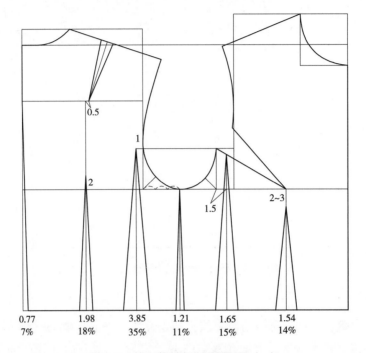

图 3-3　第七版新文化原型制图（c）

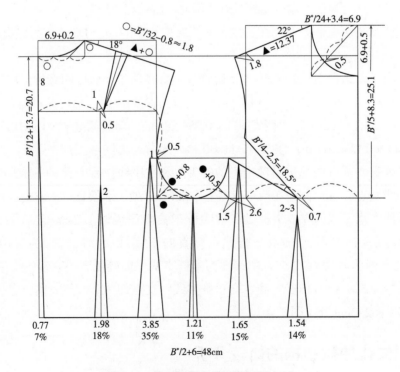

图 3-4　第七版新文化原型制图（d）

1. 胸围放松量

旧文化原型的放松量是 10cm，新版原型的胸围放松量为 12cm，增加量为 2cm。

2. 袖窿深度

旧原型衣身袖窿的公式是随着胸围以 1/6 的比例在作线性变化的，这种比例关系对人体的适应性是较好的，而对于大胸围人体而言，则需要做些调整，主要是在校板时通过适当上移袖窿深线来获得人体相吻合的袖窿深度，以使原型的比例趋向合理。新版原型的袖窿深度是以胸围的关系减少，最后所得的结果会更加合乎人体的实际。现分别以女体的中号国标（净胸围 84cm）和胖体（净胸围 100cm）的具体袖窿深度来进行对比，说明新旧原型的变化，具体见表 3-2。

表 3-2 新旧原型袖窿深度比较 　　　　　　单位：cm

项目	袖窿深	净胸围 84	净胸围 100	净胸围大于 100
新原型	$B^*/12+13.7$	20.7	22	0
旧原型	$B^*/6+7$	21	23.7	1 ~ 1.5

3. 前胸宽、后背宽

比较表 3-3 可以看出，旧文化原型的前胸宽公式是 $B^*/6+3$，后背宽为 $B^*/6+4.5$，都是以人体净胸围的 1/6 比例来推导的。这在实际应用时，特别是用于大胸围的人体时会产生一定的偏差，需要适当地减少前胸宽和后背宽来增加窿门的宽度，以符合胖体实际特征的新原型的制图已经考虑到这一点了，前胸宽和后背宽的计算公式分别是 $B^*/8+6.2$ 和 $B^*/8+7.4$，是以胸围的 1/8 比例来推导的，这样可以更好地适应大多数的体型，提高生产效率。

表 3-3 新旧原型的胸宽、背宽比较 　　　　　　单位：cm

项目	前胸宽	净胸围 84	净胸围 100	后背宽	净胸围 84	净胸围 100
新原型	$B^*/8+6.2$	16.7	18.7	$B^*/8+7.4$	17.9	19.9
旧原型	$B^*/6+3$	17	19.7	$B^*/6+4.5$	18.5	21.2

4. 前后领口线

新文化原型的领口线制图除了公式比例上有所改变之外，在制图程序上也有所变化。与袖窿深、前胸宽和后背宽的改变思路一致，前后横开领的计算公式由 1/20 胸围的比例变为 1/24 的胸围比例，同理改变之后此部位对不同体型的适合性会更强，具体表现见表 3-4。

表 3-4　新旧原型领口线比较　　　　　　　　　　　　　单位：cm

项目	前领宽	前领深	后领宽	后领高
新原型	$B^*/24$	前领宽 +0.5	前领宽 +0.2	1/3 后领宽
旧原型	后领宽 –0.2	后领宽 +1	$B^*/12$	1/3 后领宽

5. 前后肩线

旧原型的肩斜实际上是通过胸围量来间接推导的，不是一个确定的数值，它会随着胸围的大小而改变新原型的肩斜，并采用确定的角度，不会随着体型而改变新旧原型的肩斜角度，详见表 3-5。

表 3-5　新旧原型的肩斜度比较　　　　　　　　　　　　单位：°

项目	前肩斜度	后肩斜度	前后肩斜差	总肩斜度
新原型	22	18	4	40
旧原型	20	19	1	39

从表 3-5 中可以看出，与旧原型相比，新原型的前肩斜增加了，而后肩斜则减小了，总肩斜增加了，比旧原型的肩部造型更加合体。另外，从表 3-5 中还可以看出，新原型的前后肩斜角度差比旧原型增加了不少，原来只有 1°，现在加大到 4°，原型成衣的最明显变化是肩线更往前靠了，这更符合人体肩部向前倾斜的体型特征，与教学过程中旧原型的肩部经常需要向前调整的事实是相吻合的。

6. 前胸省、腰省和后肩省

（1）前胸省的大小。新旧原型的胸省量都与胸省的大小有关系，旧原型是以省量大小的形式出现，体现在前中线的下翘上，而新原型则直接以角度值的形式出现。由于省道的大小（其立体造型）实质上与省道尾端开口的大小没有关系，而是与省道的角度直接有关，因此直接以角度来确定胸省的大小更明确、更合理。

那么新原型的胸省大小有无改变呢？以胸围是 84cm 的中号原型样板为例，旧原型的胸省通过省道转移之后，放置到与新原型一致的袖窿中，其胸省量约为 13°，新原型的胸省量公式（$B^*/4-2.5$）=18.5°。新原型的胸省量相比旧原型增加了 5.5°，这是一方面符合近十年来女体体型变化的实际状况，另一方面也不可否认越来越多的女性朋友在采用补正内衣来塑造更加完美的体型。

（2）前胸省的位置。旧原型的胸省与腰省合并，以腰省的形式体现，形成了前低后高的腰节线。对这一结构设计有几个难点：一是容易使学习者将胸省和腰省混为一谈，不能很好地理解胸省和腰省形成的缘由，在教学中往往要花很多的精力去解说两者的区别。二是容易导致在应用原型进行样板设计时思路不清，总是认为女装的前衣身的省道要很大才对，实际上，这是错误的。三是前低侧高的腰围线和胸围线也一直是学习者难以理解的结构，它也是原型应用过程中的难点。

新原型把胸省与腰省分离，直接放置在袖窿线上，胸省是由于女体胸部突起产生的，腰省是由于胸腰差量而引起的，简单明了。同时，应用原型进行省道转移也变得简单易行，可以一步到位。

（3）腰省的大小和位置。新原型很详细地将腰线上的收腰部位分解成六个部位（半身量），且每个部位的腰省大小都根据人体体型特征有不同的百分比。仅就腰省而言，后衣片的总省量应该远大于前衣片，这是科学的处理方式，新原型腰省设计位置和量的比例对以后的应用也是有极大的启示作用的。

（4）后肩省。旧原型的肩省是一个定值，取 1.5cm，它不依人体体型的变化而变化。新原型的肩省是通过公式（$B^*/32-0.8$）来计算出角度，意味着肩省的大小与人体的胸围呈正比相关的关系。新原型肩省的长度有所加长，与旧原型相比大约长了 2cm，省尖点更往下靠一点，这样的变动使得肩省省尖更符合人体的肩胛凸点。

（5）前长和后长。衣身的前长是指侧颈点到腰节的垂直距离，同理，后长是指后侧颈点到腰节的垂直距离。事实上，这两个尺寸的配合是否恰当直接关系到前后衣身样板是否平衡，见表 3-6。

表 3-6　新旧原型前、后长比较　　　　　　　单位：cm

项目	前长	后长	前后长之差
新原型	背长－（$B^*/12+13.7$）+（$B^*/5+8.3$）=42.4	背长+（$B^*/24+3.4+0.2$）/3 ≈ 40.4	1.9
旧原型	（背长－0.5）+（$B^*/20+2.9-0.2$）=44.4	背长+（$B^*/20+2.9$）/3 ≈ 40.4	0.6

第二节　新文化原型变化呈合体原型原理

前面已经总结和分析了旧文化原型及其利用原理、全新原型及终极版全新原型的原理及应用，本节将继续分析原型——新文化原型。在服装工艺制作环节，常常会发现一些小问题，如衣服起吊、衣身不平衡、起包、太紧、不能动、腰位不对、侧缝与人体不对位等。而导致这些问题的最关键因素就是成衣制图时没有对原型进行适当的变化。因为大家都知道，日本原型无论是哪一代，其各部位长或宽计算公式的得出和经验值的确定，最直接的依据都是日本女性的身体特征数据，而我们中国女性体型和比例等各方面与日本女性都有着或多或少的差异。因此，在利用日本文化式原型进行成衣制图时，首先要掌握原型的制图原理，然后根据经验总结出一套修正原型的原理。尤其在进行合体服装结构设计时，修正原型更加关键和重要。

可以说制约每位制板者制板水平的关键就是原型，原型制图一旦有问题，那么做出的样板一般都会出现这样或那样的问题。

新文化原型在旧文化原型的基础上做了很多改动，也增加了许多更合理的结构分析和设计。但与旧文化原型一样，在利用新文化原型进行合体服装设计时，仍然需要做出适当的变化才能做得更加合体而舒适。下面我们便依据新文化原型的特点对其适体性做出一一的分析和变化。

一、优点分析

第一，袖窿更加窄小而美观。

第二，结构上追求横平竖直。

第三，省道转移利用得好，省道分散合理而适体美观。

第四，新原型体态好，更加挺拔，收腹挺胸，体现比较理想化的体态，更适合礼仪服装。

二、部位分析

1. 新文化原型变化呈合体状态

（1）前肩线比老原型有所升高，导致一些小问题的出现。侧省合并后上部（袖窿宽部位）打开，袖窿宽增大，并非看似那么小，便与旧原型一样合适了。

（2）袖窿角度偏大，用的时候要略改小。而前腰省偏小，原因是为了使胸省合并后腰线呈水平状态，一部分省量转移到了袖窿处。

（3）新文化原型穿上身后，衣服有向后跑的现象。原因是人体腰线倾斜，前高后低，前腰节比后腰节高，而新文化原型腰线是水平的。另外，后领窝降低，稍显不够贴体。

（4）胸部前袖窿处余量较多，会有略起空、服帖度不够的现象发生。

（5）新文化原型追求腰平、横平竖直。主要表现在：前胸省与袖窿省的大小分配的把握有难度，如做大衣时，袖窿省变小；而做连衣裙时，袖窿省角度应大些，但具体数值不太好把握，需要较多的操作经验方能驾驭。

（6）新文化原型肩颈点。前比后多 2.1cm，缝合肩缝后前胸两侧起空，服帖度不够。旧原型肩颈点前比后多 0.6cm，肩部较为服帖、舒适。

2. 变化原理与方法（图 3-5~ 图 3-7）

（1）关闭前片侧省。方法是剪去省量后合并衣片。

（2）剪掉侧省，再合并便可得到合适的袖窿宽。

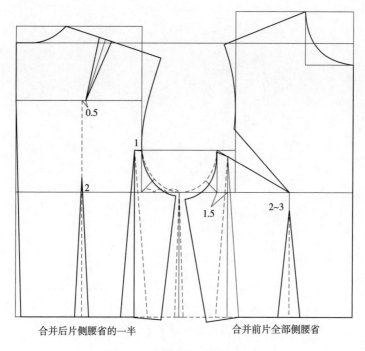

合并后片侧腰省的一半　　　　　合并前片全部侧腰省

图 3-5　合体新文化原型（a）

（3）后侧省合并一半，同时修正使得后侧缝线的角度（倾斜度）与旧原型相同。

（4）将一部分袖窿省转移成腰省，使前腰省变大。

（5）将后背部水平剪开，整体抬高，或采用借肩的手法，将前肩下降 1cm，后肩抬高 1cm。

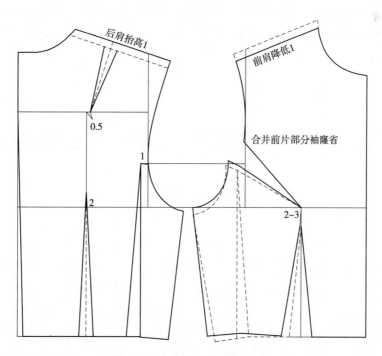

图 3-6　合体新文化原型（b）

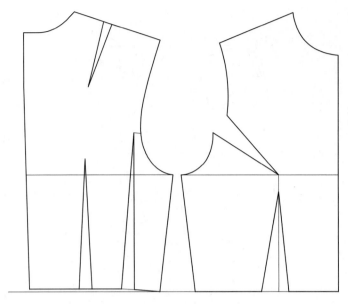

图 3-7　合体新文化原型（c）

（6）前腰线略下降。

（7）后肩斜 18°左右，偏大，可改小些。

（8）衣身侧缝垂直于地面，而人台上的侧缝向前倾斜，不重合。另外，还需将侧缝做微调以适体。

经过以上调整之后，新文化原型与老原型相差无几，变得同样适体。对于制板者来说，旧原型衣身结构平衡，收全省之后贴体舒适，只需要将肩斜和胸宽、背宽略作调整便非常实用；利用新文化原型进行成衣结构制图也有其优点，新文化原型最大的优点便是省道的利用，分散合理而造型立体自然，只需按照以上方法作出成衣制图前的调整即可实现舒适适体的目的。

第三节　新文化原型法成衣结构制图实例

一、款式分析

1. 款式图

七分袖合体女衬衫款式图如图 3-8 所示。

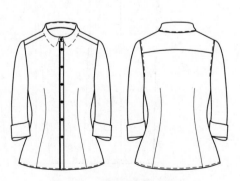

图 3-8　七分袖合体女衬衫

2. 款式分析

（1）领型。本款领型为普通衬衫领，也是翻折领、圆领角。

（2）门襟扣位。单排窄门襟，七粒扣。

（3）款式风格。本款衬衫的款式风格较为合体收腰。

（4）底摆。本款衬衫为弧线底摆，侧部弧形上凹。

（5）省道、分割线。前后片各设两个对称的腰省。前、后片肩部有横线分割线，形成前过肩和后过肩。

（6）袖型。本款七分袖较为合体，袖口翻折，肩部有自然缩褶，形成泡泡袖造型。

二、规格设计

七分袖合体女衬衫款式图规格见表 3-7。

表 3-7　七分袖合体女衬衫规格 单位：cm

项目	号	型	胸围	腰围	衣长	袖长	袖口围	背长	净腰围
尺寸	160	84	94	78	62	40	24.5	38	68

三、新文化原型法制图原理与步骤

1. 后片制图

（1）将前、后衣片于侧缝处断开（图 3-9）。

（2）侧缝线和后中线均采用直线的形式。

（3）调整胸围尺寸。新文化原型的胸围制图公式是 $B^*/2+6$，因此胸围是 96cm，整体胸围放松量为 12cm；成品衬衫胸围尺寸为 94cm，比原型小 2cm。因此，需要将新文化原型半身制图中的胸围去掉 1cm，平均到前、后衣片则应于袖窿深线位于侧缝处去掉 0.5cm。

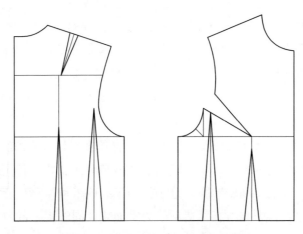

图 3-9　七分袖合体女衬衫原型结构图

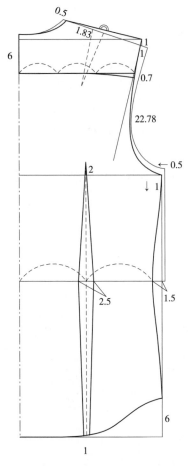

图 3-10　七分袖合体女衬衫后片结构图

（4）取衣长 62cm。

（5）袖窿挖深 1cm，以满足腋下基本活动量，画出侧缝直线（图 3-10）。

（6）后领窝开大 0.5cm，修顺后领窝弧线。

（7）后肩点沿着肩线方向缩短 1cm、同时抬高 1cm，画后肩直线。

（8）自肩点引肩线的垂线，以直角引出并画顺袖窿弧线。

（9）计算胸腰差，合理分配腰部浮余量。已知成品胸腰差为 16cm，半身制图则为 8cm。也就是说在以下半身制图过程中需要于腰部处理掉的腰省总量为 8cm。

根据款式需要和制图的一般规则，前后片侧缝去掉量之和即侧省量 ≤ 3cm，一般取 3cm，因此前、后侧缝去掉量为 1.5cm。剩余的 5cm 省量可以被前腰省和后腰省平分，即 2.5cm 的前、后腰省。

（10）画侧缝弧线。自修正后的新袖窿深点向腰端点和下摆上抬 6cm 处，以圆顺合理的弧线画出侧缝弧线。注意合理的弧度应理解为符合人体侧部曲线状态的弧线形态，一般表现为腋下适当外凸和腰线以下至臀围处外凸。

（11）画底摆弧线。自侧摆点向底摆直线画弧度自然、合理、美观的凹凸变化的曲线。注意应与底摆直线自然相切并重合。

（12）画后腰省。平分后腰量，过中点作铅直线，上至新袖窿深线以上 2cm 处，为省尖点；下至底摆弧线。省量大小为 2.5cm，平分在腰线两端；为了使后腰省更加自然，下端省设计开口，大小为 1cm，平分在省中线与底摆弧线两端。

（13）画后肩育克线。自后颈点向下取 6cm 画水平线交于后袖窿弧线得上育克线。自交点沿着袖窿弧线取 0.7cm 育克开口，然后圆顺画出下育克线。

（14）加深轮廓线和内部结构线（省道线），以便与基础线条和各种辅助线区别开来。

2.前片制图

（1）将部分袖窿省转移掉，形成侧省。袖窿省承载着胸部造型的重任，袖窿省使用全省或者全部转移形成其他省道，则服装胸部造型丰满而立体；若袖窿省使用一部分，其余的作为袖窿松量存在，则服装胸部造型较为丰满或者偏丰满；若袖窿省不收，直接全部作为袖窿松量存在，则衣身胸部造型较为平面化，同时腋下部位松量较多，容易出现盖势。因此，袖窿省的施用量视穿着者的胸部丰满状态和款式风格而定。

这里是根据七分袖衬衫的较为合体状态，将袖窿省的 3/4 转移形成侧省，剩余的 1/4 则作为袖窿松量存在（图 3-11 ~ 图 3-13）。

①自原型袖窿深点向右取 0.5cm、同时向下取 1cm（减小前片胸围和挖深袖窿）得点 P。

②自 P 点竖直下取 6cm 画一条侧省省线。

③然后将袖窿省等分为四份，其中三份转移到侧省。

（2）修领窝，画领窝弧线。开大前领 0.5cm、挖深 0.5cm，画顺领窝弧线。

（3）延长领窝弧线 1.5cm 作为搭门量。

（4）画前肩线。抬高原前肩线 0.5cm，并连接至新侧颈点。延长前肩长使其等于后肩长，得前肩点。

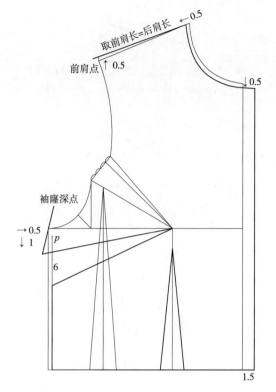

图 3-11　七分袖合体女衬衫前片省移

（5）画袖窿弧线。自前肩点引肩线的直线，后垂直引出袖窿弧线，要求弧度自然、弧长合理。一般情况下，前袖窿弧长比后袖窿弧长小 1.5cm 以内较为合理，具体还要视款式而定。

（6）画侧缝弧线。同后片，腰部收掉 1.5cm、底摆抬高 6cm，依据人体侧部造型画出凹凸有致的侧缝弧线。弧度比后片略大。

（7）画底摆弧线。垂直于侧缝线引出底摆弧线，与后片相似。弧线与底摆直线相切于底摆直线的中点。

（8）画前腰省。根据前面的省道分配，前腰省量应为 2.5cm。平分前腰围，画出省中线，上交于侧省省线，下交于底摆弧线。省大 2.5cm，平均分布在省中线于腰线两侧。

（9）省道转移。因款式图中无侧省，故应将侧省转移至腰省，并调整省尖点。

（10）加深轮廓线。

3. 袖子制图

（1）画落山线和袖中线（图 3-14）。

（2）取袖山高（前 AH+ 后 AH）/4+1，得袖山顶点。

（3）画前、后袖山斜线。前袖山斜线长 = 前 AH，后袖山斜线长 = 后 AH-0.5。

（4）画袖山弧线。四等分前 AH，每份记为 a，于第一等分点处垂直向上取 1.8cm 得标记点 1，于第二等分点处沿袖山斜线向下取 1cm 得标记点 2，于第三等分点处垂直斜向下取 1.2 或 1.3cm 得标记点 3。同时，自袖山顶点向后袖山斜线取 a，垂直向上取 1.5cm 得标记点 4，将以上四个标记点和袖山顶点、袖肥端点圆顺连接得袖山弧线。

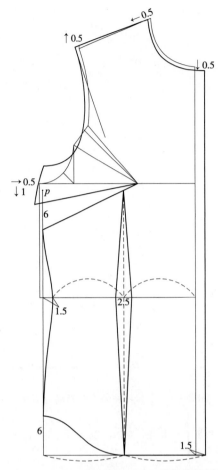

图 3-12　七分袖合体女衬衫前片结构图

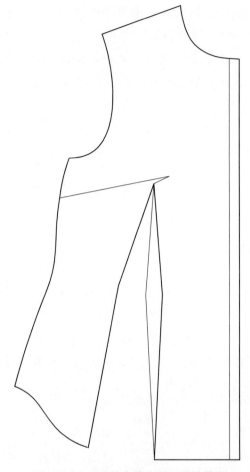

图 3-13　七分袖合体女衬衫前片转省

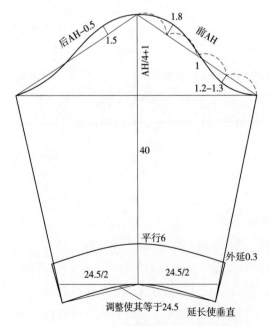

图 3-14　七分袖合体女衬衫衣袖结构图

（5）取袖长。自袖山顶点竖直下取40cm得袖长。

（6）画袖口直线和袖缝线。自袖长线下端点向两端平均分配袖口围，并画出袖缝直线。延长袖缝线至一点，使其与此点至袖中线下端点的连线垂直。

（7）画袖口弧线。圆顺画出袖口弧线，并调整弧线使其长度等于24.5cm。调整的方法是：在保证袖缝线与袖口线垂直的状态下，袖缝线向两端平均外延。

（8）画翻折袖口线。平行于袖口线6cm画翻折袖口线，同时外延0.3cm，以留出一定的翻折容量。

（9）加深轮廓线。

四、合体新文化原型法七分袖女衬衫制图原理与步骤

与上述七分袖合体女衬衫为同款同规格，以下使用的是修正后的新文化原型进行衬衫成衣结构制图，见表3-8。后面还会对两种方法的制图进行比较分析，并对各关键部位尺寸的对比结果给出分析，得出相应的结论。

表 3-8　七分袖合体女衬衫规格　　　　　　　　　　　单位：cm

项目	号	型	胸围	腰围	衣长	袖长	袖口围	背长	净腰围
尺寸	160	84	92	72	62	40	24.5	38	68

1. 后片制图

（1）修正新文化原型呈平衡状态，如图3-15所示。

（2）侧缝线和后中线均采用修正后的斜线和曲线形式。

（3）调整胸围尺寸。修正后的新文化原型，胸围是92cm，因为衬衫款式较为合体，可直接将成品胸围设计为92cm。因此，修正后的新文化原型胸围不必做任何处理。

（4）后领窝开大 0.5cm，修顺后领窝弧线（图3-16）。

（5）后肩点沿着肩线方向缩短 1cm、同时抬高 1cm，画后肩直线。

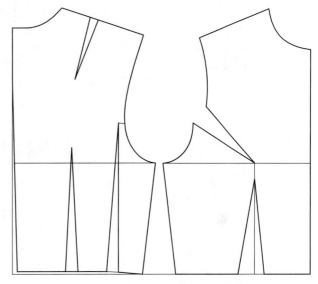

图 3-15　修正新文化原型结构图

（6）画袖窿弧线。袖窿挖深 1cm，以满足腋下基本活动量。自肩点引肩线的垂线，以直角引出并画顺袖窿弧线。

（7）测量腰围，计算并合理分配前后腰省量。如图测得腰围比成品尺寸大 5.62cm，即腰部需要收掉的总省量是 5.62cm，根据衣身制图"前紧后松"原则，前腰省和后腰省分别设计省量为 3cm 和 2.62cm。

（8）画侧缝弧线。自新袖窿深点向腰端点和下摆上抬 6cm 处，以圆顺合理的弧线画出侧缝弧线。注意合理的弧度应理解为符合人体侧部曲线状态的弧线形态，一般表现为腋下适当外凸和腰线以下至臀围处外凸。

（9）画底摆弧线。自侧摆点向底摆直线画弧度自然、合理、美观的凹凸变化的曲线。注意应与底摆直线自然相切并重合。

（10）画后腰省。平分后腰量，过中点作铅直线，上至新袖窿深线以上 3cm 处，为省尖点；下至底摆弧线。省量大小为 2.62cm，平分在腰线两端；为了使后腰省更加自然，下端省线设计为弧线造型，以符合腰部以下部位人体曲线的状态。

（11）画后肩育克线。自后颈点向下取 6cm 画水平线交于后袖窿弧线得上育克线。自交点沿着袖窿弧线取 0.7cm 育克开口，然后圆顺画出下育克线。

（12）加深轮廓线和内部结构线（省道线），以便与基础线条和各种辅助线区别开来。

2. 前片制图

（1）画侧缝弧线。同后片，腰部以修正后的斜线为准，向下连接至底摆抬高 6cm 处，依据人体侧部造型修正弧线的弧度走向。前侧缝弧度比后片略大。

（2）将部分袖窿省转移掉，形成侧省（图 3-17）。

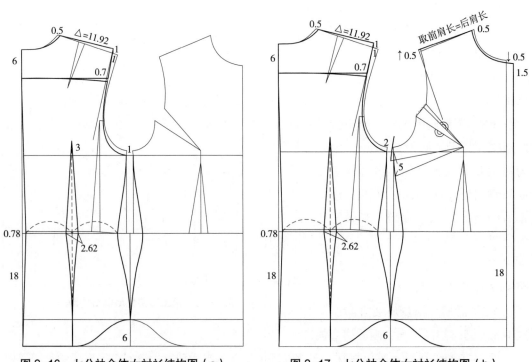

图 3-16　七分袖合体女衬衫结构图（a）　　　图 3-17　七分袖合体女衬衫结构图（b）

根据七分袖衬衫的较为合体状态，将袖窿省的 3/4 转移形成侧省，剩余的 1/4 则作为袖窿松量存在。具体操作方法如下。

①自 p 点竖直下取 5cm 画一条省线。

②然后将袖窿省等分为四份，转移其中三份到侧省。

③修领窝，画领窝弧线。开大前领 0.5cm、挖深 0.5cm，画顺领窝弧线。

④延长领窝弧线 1.5cm 作为搭门量。

⑤画前肩线。抬高原前肩点 0.5cm，并连接至新侧颈点。延长前肩长使其等于后肩长，得前肩点。

⑥画袖窿弧线（图3-18）。自前肩点引肩线的直线，后垂直引出袖窿弧线，要求弧度自然、弧长合理。一般情况下，前袖窿弧长比后袖窿弧长小1.5cm以内较为合理，具体还要视款式而定。

⑦画底摆弧线。垂直于侧缝线引出底摆弧线，与后片相似。弧线与底摆直线相切于底摆直线的中点。

⑧画前腰省。根据前面的省道分配，前腰省量应为3cm。平分前腰围，画出省中线，上交于侧省省线，下交于底摆弧线。省大3cm，平均分布在省中线于腰线两侧。

⑨省道转移。因款式图中无侧省，故应将侧省转移至腰省，并调整省尖点（图3-19）。

⑩加深轮廓线。

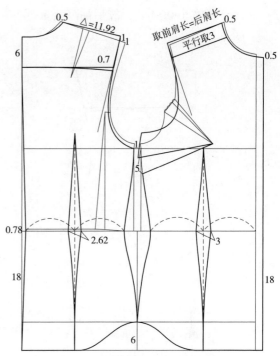

图3-18　七分袖合体女衬衫结构图（c）

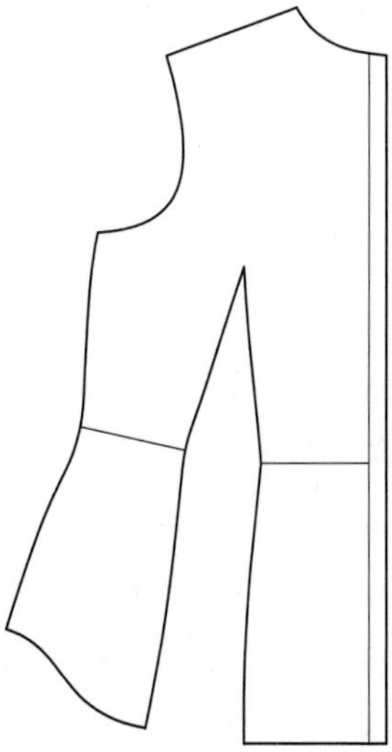

五、两种新原型法成衣尺寸比较分析

1. 后片对比结果

修正新原型法与新原型法相比，后片主要部位尺寸对比结果如图3-20所示。

（1）后肩长短0.5cm，肩部更加合体。

（2）后领窝大1.1cm，主要原因是修正新原型中，后肩向前肩借1cm（后肩抬高1cm，同时前肩降低1cm）。

（3）后袖窿弧长大1.35cm，经测量，两者后袖窿深差值为1.2cm，袖窿弧长差距偏大，说明后袖窿弧线弧度和形状相差不大。

（4）后中基本相等，故衣长相等。

（5）后袖窿宽小0.02cm，基本相等。

（6）后腰围小1.44cm，后腰更加合体美观。

（7）后片臀围大1.78cm，差别稍大。

图3-19　七分袖合体女衬衫
结构图（d）

（8）背宽小 0.34cm，故后袖窿余量更少，更合体。

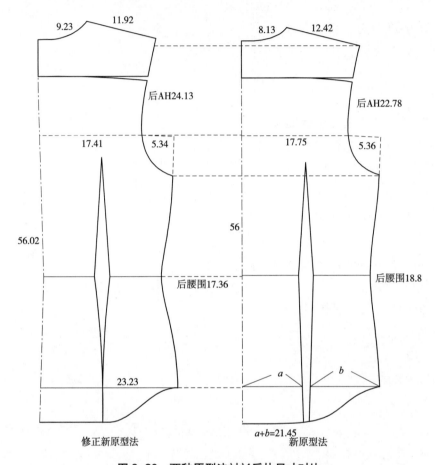

图 3-20　两种原型法衬衫后片尺寸对比

2. 前片对比结果

修正新原型法与新原型法相比，前片主要部位尺寸对比结果如图 3-21 所示。

（1）前肩线短 0.5cm，肩部更加合体。

（2）前袖窿弧长大 0.87cm，因为合体新原型中，前肩降低 1cm，袖窿弧长理应更小，而此处却更大，说明合体新原型的前袖窿弧度更加饱满立体，弧度也更大。

（3）前领窝小 1.29cm，与后领窝偏大形成互补。

（4）前胸宽小 1.37cm，修正新原型中前胸宽为 16.31cm，号型为 160/84A 的人体前胸宽一般为 15.5cm，合体服装增加 1cm 松量是较为合理的，也更加合体美观；而新原型制图中前胸宽为 17.68cm，明显偏大，会使衣身前袖窿处余量稍多，形成偏大的盖势。

（5）前袖窿宽大 1.25cm，差别偏大，需与后袖窿宽一起进行对比。

（6）前腰围小 1.39cm，更加合体。

（7）前臀围大 0.84cm，略大些。

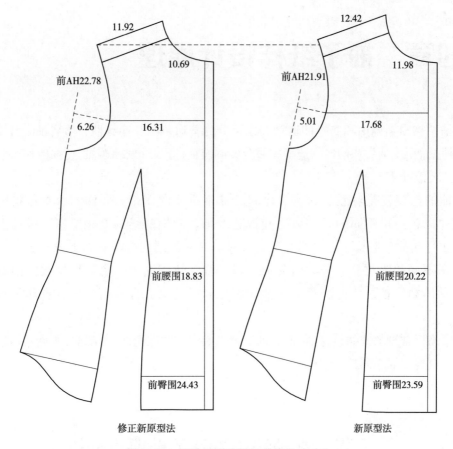

图 3-21 两种原型法衬衫前片尺寸对比

3. 整体对比结果分析

（1）服装肩部尺寸更加合体。

（2）领窝弧长整体相差 0.19cm，相差不大。

（3）袖窿弧长总长 46.91cm，偏大 2.22cm，袖窿容量更大一些。

（4）袖窿宽差别较大，新原型法制图中袖窿宽为 10.36cm，而合体新原型袖窿宽为 11.6cm。经测量，160/84A 标准人台前袖窿净尺寸为 10.5cm，显然，衣身袖窿宽要在人体净袖窿宽基础上，至少需要增加 1cm 的松量是较为合理的。

前面曾提过，人体可分为三个面：胸宽、背宽和袖窿宽，在进行服装结构设计尤其是合体服装结构设计时，要充分考虑每个面的松量设计，根据具体款式风格来合理分配每个面的宽度，三个面可以松量一致，也可以根据强调部位，增加某个面或者某两个面的宽度数值。

（5）腰身整体偏小 5.6cm，更加合体，腰侧缝部位更能凸显女性曲线美。

（6）新原型臀围 90cm，略紧窄，而合体新原型臀围大 5cm，尺寸更合理、舒适，放松量能满足臀部基本活动需要。臀腰差因此也更大，更凸显了腰臀曲线美。

第四章　袖子纸样设计原理

衣袖结构根据袖山和衣身的造型关系可分为普通装袖、连身袖、落肩袖。其中普通装袖又根据袖山、袖身和袖口的造型关系分为圆装袖（下文也称平肩袖）、抽褶袖、垂褶袖、羊腿袖、波浪袖等。

衣袖的造型变化对服装款式变化起着非常重要的作用。同样的衣身可搭配不同的袖型，以营造出不同的款式风格和视觉效果。衣袖的结构变化丰富，设计点可在袖山、袖身或袖口部位，也可相互组合设计。衣袖的结构分类除以上分类方法之外，还可根据不同的服装品类分为西装袖、衬衫袖、休闲袖等，也可根据衣袖的宽松程度分为贴体袖、较贴体袖、较宽松袖和宽松袖。其中，合体袖又分有省和无省两种造型。

本章将以常见款式如连身袖、落肩袖以及平装袖中的泡泡袖、羊腿袖、垂褶袖、波浪袖、顺褶袖、灯笼袖等为例进行结构设计。

第一节　衣袖结构设计关键要素分析

衣袖结构设计部位主要是袖山、袖身和袖口结构设计，设计依据主要是款式和风格。衣袖结构设计的关键要素主要有袖山高、袖肥、袖口围、衣身袖窿的形状等。

一、袖山高

1. 袖山高的相关意义
袖山高又称袖山幅度，是指袖山顶点贴近落山线的距离，单位是 cm。袖子造型最重要的部分就是袖山，决定袖山形状的两个关键要素是袖山高和衣身袖窿弧长。

2. 不同风格袖山高、袖肥的取值范围
将前、后衣身肩点至袖窿深线距离之和的一半记作 AHL（平均袖窿深）。

（1）宽松型。袖山高小于 0.6AHL，一般取值范围是 0~9cm。

（2）较宽松型。袖山高 0.6~0.7AHL，一般取值范围是 9~13cm。

（3）较贴体型。袖山高 0.7~0.8AHL，一般取值范围是 13~16cm。

（4）贴体型。袖山高 0.8~0.83AHL，一般取值范围不超过 17cm。

以上取值范围主要针对平装袖而言。对于袖山部位有褶的袖型来说，一般结构设计手段是将袖山部位沿着所设计的剪切线剪切并拉展，使袖山抬高同时加长。此时袖山的高度不能用以上公式或者范围来界定。

二、基本袖山高

一般地，基本袖山高 =AH/3。基本袖山高虽是中性结构，但是更接近服装造型的贴身状态，所以袖山高接近最大值。这就说明在袖山曲线长度不变的情况下，袖山高减小的范围较大，可从零袖山到基本袖山 AH/3 之间；而袖山高增大的范围十分有限，一般不超过 2~3cm。

三、袖长

1. 夏季取值

夏季袖长较短，取值范围一般为 0.3h+（7~8）。

2. 秋季取值

秋季袖长适中，取值范围一般为 0.3h+（9~10）+ 垫肩厚。

3. 冬季取值

冬季袖长偏长，取值范围一般为 0.3h+（11~12）+ 垫肩厚。

四、袖山斜线

衣身袖窿弧长决定袖山斜线的大小。衣身袖窿弧长用 AH 来表示。一般地，袖山斜线的取值范围为前 / 后 AH+1~ 前 / 后 AH−1。

五、袖肥

袖山高和袖山斜线决定袖肥。袖山高确定之后，袖山斜线的取值直接影响袖肥的大小。袖山斜线由衣身袖窿弧长决定，而衣身袖窿大小又与衣身肥瘦相匹配，成品胸围越大，服装越宽松，袖窿越扁而狭长，袖肥越大。因此可以推断，袖肥大小的最终决定因素是成品胸围 B。当成品胸围 B 在 90 ~ 110cm 时，袖肥大小与 B 之间的近似关系如下：

1. 贴体风格

贴体风格袖肥 =（0.2B−3）~（0.2B−1）。

2. 较贴体风格

较贴体风格袖肥 =（0.2B-1）~（0.2B+1）。

3. 较宽松风格

较宽松风格袖肥 =（0.2B+1）~（0.2B+3）。

4. 宽松风格

宽松风格袖肥 =（0.2B+3）~ 基本袖山高 AH/3。

六、袖口围

1. 合体袖口围

合体袖口围 = 人体净腕围 +（3 ~ 4）。

2. 较宽松袖口围

较宽松袖口围 = 人体净腕围 +（5 ~ 6）。

3. 宽松袖口围

宽松袖口围 = 人体净腕围 +（7 或以上）。

七、袖口前偏移量

袖口前偏移量是指袖肘线以下的袖中线，沿着袖口线向前袖偏移的数值。

1. 直身袖

袖口前偏移量为 0~1cm。

2. 较弯身袖

袖口前偏移量为 1~2cm。

3. 弯身袖

女装袖口前偏移量为 2~3cm。男装袖口前偏移量为 3~4cm。

八、袖窿深

袖窿是在衣身上的与衣袖的袖山相缝合的部位。一般地，较为实用的袖窿周长范围是 0.5B ± 2cm。袖窿深的取值与风格的关系如下。

1. 贴体风格

贴体袖结构袖窿深 =0.2B+3+（1~2）。

2. 较贴体风格

较贴体袖结构袖窿深 =0.2B+3+（2~3）。

3. 较宽松风格

较宽松袖结构袖窿深 $=0.2B+3+$（3 ~ 4）。

4. 宽松风格

宽松袖结构袖窿深 $=0.2B+3+$（4 及以上）。

九、袖山高与袖肥、贴体度之间的关系

在袖山曲线和袖长不变的情况下，衣身袖窿弧度越大，越接近圆形，袖山越高，袖山曲线弧度也越大，袖肥越小，当袖山高与袖山线长度趋向一致时，袖肥接近零；衣身袖窿形状越细长，袖山越低，袖山曲线越平缓，袖子越肥，袖山高为零时，袖肥成最大值。因此，袖山高和袖肥的关系成反比，袖山越高，袖肥越小；袖山越低，袖肥越大。袖山高、袖肥和服装风格的一般关系如下。

1. 贴体风格

贴体风格袖山高 ≤ 17cm，袖肥 = （0.2B–3）~ （0.2B–1）。

2. 较贴体风格

较贴体风格袖山高 =13~16cm，袖肥 = （0.2B–1）~ （0.2B+1）。

3. 较宽松风格

较宽松风格袖山高 =9~13cm，袖肥 = （0.2B+1）~ （0.2B+3）。

4. 宽松风格

宽松风格袖山高 =0~9cm，袖肥 = （0.2B+3）~AH/2。

十、袖山高与袖肥、袖子贴体度、袖型、袖窿开度的关系分析

袖山高与袖肥、袖子贴体度、袖窿开度相互联系且相互制约，而这些又直接影响着袖型的基本特征。

在袖山弧线长度不变这个前提下，我们来深入分析袖山高与袖肥、贴体度、袖型、袖窿开度的关系。

1. 袖山越高，袖肥越小，贴体度越大

袖子越瘦而贴体，腋下合体而舒适，但由于腋下容量小，大幅度活动时活动能力受限；肩角俏丽，个性鲜明；当袖山高取最大值时（一般合体袖山高是在原型袖山高基础上增加 2~4cm），衣袖最合体，衣身应与衣袖合体度保持一致。此时，袖窿深点越靠近腋窝，越有利于保持衣袖与臂部活动的整体一致性，从而使衣袖的活动机能越好。由此推出，当袖山高越大、袖子越合体时，袖窿开度越小。

2.袖山越低，袖肥越大，贴体度越小

袖子越肥而不贴体，腋下宽松而舒适，褶量较多。由于腋下容量大，臂部大幅度活动时不受限制，活动方便。肩角模糊而含蓄。当袖山高降到最低时，袖型扁平而肥大，若此时袖窿不加大深度，那么腋下会紧绷不适，与宽松肥大的袖型不一致，且当手臂下垂时，腋下会产生很多余量，不适感较强。由此可知，当袖山高越小、袖子越宽松时，袖窿开度越大。

第二节　袖子结构制图原理

袖子根据袖身纸样数可分为一片袖、两片袖和三片袖。其中，一片袖有原型一片袖与合体一片袖之分，合体一片袖又分为带省的和不带省的袖型。两片袖一般指合体两片袖，根据绘制方法的区别有套裁和左右分裁两种方法。

一、原型一片袖

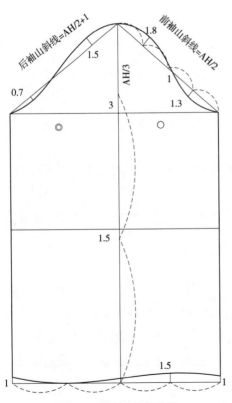

图 4-1　原型一片袖结构

原型一片袖是与衣身原型相匹配的袖型，其制图必要尺寸主要包括基本袖长 SL 和原型衣身袖窿弧长 AH（图 4-1）。

1.制图步骤

（1）必要尺寸。袖窿弧长 AH=42cm，其中前 AH=20.5cm，后 AH=21.5cm，袖长 = 52cm。

（2）确定"两线一肥"。作一条竖直线作为袖中线，取长 52cm，顶点即为袖山顶点。自上而下取 AH/3=14cm 作落山线，并从袖山顶点出发分别向落山线左、右两端取后袖山斜线和前袖山斜线，长度分别为 AH/2+1 和 AH/2，得袖肥。

（3）完成其他基础线。自落山线两端向下作出前、后袖缝直线，并作水平袖摆辅助线。在袖中线上，自袖窿深线上取 3cm 得点，然后将此点以下的袖中线段平分，自中点向上取 1.5cm，作水平线为袖肘线。

（4）作袖山曲线。四等分前袖山斜线，每一份记作"△"，于第一等分点和第三等分点处分别垂直袖山斜线向上、向下作垂线段，长度为 1.8cm、1.3cm，中点下移 1cm 处作为袖山曲线与斜线相交的转折点；在后袖山斜线上，自顶点向下取"△"作为曲线与斜线重合的起点，由此得到 8 个袖山曲线的轨迹点，最后用圆顺曲线连接便完成袖山曲线的绘制。

（5）作袖摆曲线。于前、后袖缝线、袖中线底端向上取 1cm 作点，平分前、后袖摆辅助线，前中点向上取 1.5cm 得点，后中点为切点，共得 5 个轨迹点，最后用平滑曲线描绘得袖摆曲线。

2. 确定袖子符合点

确定袖子前、后符合点。袖子后符合点为自后袖山斜线下端向上取 b+0.2cm 点处（b 为衣身纸样中后符合点至前、后片分界点间的弧长）；前符合点为自前袖山弧线下端向上取 a+0.2cm 点处（a 为衣身基础纸样中前符合点至前、后片分界点之间的弧长）。

二、有省合体一片袖

1. 有省合体一片袖的结构特点

所谓合体一片袖是通过袖摆、袖弯的结构处理实现的。合体一片袖分为有省合体一片袖和无省合体一片袖两种造型。有省合体一片袖是指在衣身袖肘处设计了一个袖肘省，目的是使袖子达到手臂自然下垂时的合体状态。手臂自然下垂时，手肘向后突出，因此袖肘省的省尖便应指向袖肘突出部位。

2. 制图步骤

如图 4-2 所示，有省合体一片袖结构制图步骤如下。

（1）复制袖原型各结构线和辅助线，并量得前、后袖肥为〇、◎。

（2）将袖山高抬高 2cm 并修顺袖山弧线。

（3）确定袖中斜线。当袖子作贴身设计时，需要充分考量肩膀的自然前倾和弯曲度，整个结构设计的目的是将袖中线

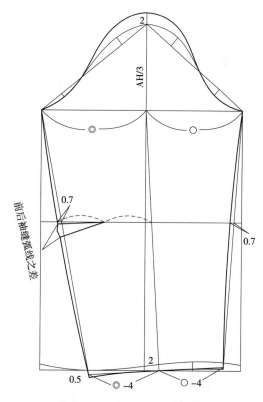

图 4-2　有省合体一片袖结构

下端向前移,前、后袖缝线作出前倾的趋势,后袖肘作省以使前后袖缝弧线等长,袖子合体。因此,原型袖口直线辅助线中点处需要向右移2cm得点,并将袖中线与落山线交点与此点连接,得新袖中斜线。于上述步骤中所作点向左、右分别取垂直于袖中斜线的垂线段◎ -4cm、○ -4cm。

（4）前、后袖缝于袖肘线处分别凹进和凸出0.7cm得出袖弯形状。作出前、后袖缝弧线,并量取前后袖缝弧线长度之差,作为袖肘省量。

（5）作袖肘省。取后袖袖肥中点作为后袖肘省的省尖点,并于此点向后袖缝弧线作垂线段,得垂足,并以垂足为中点作省大,作出两条省线,得袖肘省。基本所有的贴身造型一片袖都可以使用此法进行袖子结构设计,关键是确定省尖点和省大,省大即为后袖缝弧线与前袖缝弧线之差。

当然,不是所有的合体一片袖都有袖肘省。如果袖子款式是合体的,但没有设计省道或因面料为厚重的呢料不适合设计省道,那应当按照无省合体一片袖的结构设计方法进行设计。

三、无省合体一片袖

1. 无省合体一片袖的结构特点

无省合体一片袖是指没有袖肘省但又合体的袖型。有些合体服装款式为了不破坏袖子的整体美观性或者因为面料偏厚重不适合设计袖肘省,故而选择不带省的合体一片袖结构。

2. 制图步骤（图4-3）

（1）量取衣身前、后袖窿弧线长记为前 AH=22cm,后 AH=23cm（假设合体衣身袖窿取值）。

（2）袖山吃势定为1.5cm。袖山高 = 0.75AHL ≈ 13.9cm（假设 AHL=18.5cm）。袖长 SL=58cm。

（3）作一竖直线作为袖中线,上端点为袖山顶点。自袖山顶点向下取袖山高 = 13.9cm,作落山线,后落山线在此基础上低落1cm;自袖山顶点向下取长58-3（袖克夫宽）=55cm,作袖口水平辅助线。

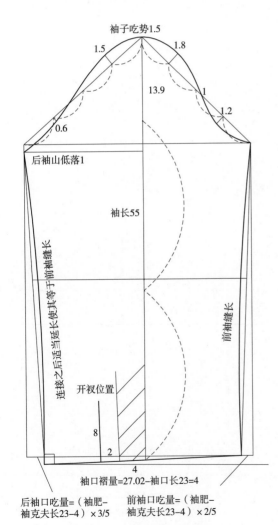

图 4-3　无省合体一片袖结构

（4）取袖山斜线。自袖山顶点向落山线分别取前袖山斜线 = 前 AH–1+2/5 吃势 = 21.6cm；后袖山斜线 = 后 AH–（1.2~1.3）+3/5 吃势 =22.6cm。同时作袖缝直线。

（5）作袖山曲线。四等分前袖山直线，中点沿直线下落 1cm 作为转折点；上下等分点处分别垂直于前袖山斜线向上凸出 1.8cm 和向下凹进 1.2cm；同时四等分后袖山斜线，于上下两个等分点处分别垂直于后袖山斜线向上凸出 1.5cm 和向下凹进 0.6cm，然后用平滑、圆顺、自然的曲线连接袖肥端点（注意后袖肥端点是在低落 1cm 的落山线上）和各个凹凸点，得袖山曲线。

（6）量取前、后袖口吃量。后袖口吃量 =（袖肥 – 袖克夫长 –4）× 3/5；前袖口吃量 =（袖肥 – 袖克夫长 –4）× 2/5；并以此为端点作出前、后袖缝斜线。

（7）作前、后袖缝弧线。将前、后袖缝斜线分别向袖中线凹进适当的弧度，得到弧度平缓、自然圆顺的袖缝弧线。量取前、后袖缝弧线之差，一般地，后袖山弧线略短，处理方法为延长后袖缝弧线使其长度等于前袖山弧线为止。

（8）引出袖口弧线。分别于前、后袖缝弧线垂直引出一条弧度平直、合理自然的袖口弧线。

（9）量取袖口弧线的长度。袖口弧线与袖克夫的差值可以设定为袖口褶量。另外，在袖口褶偏后侧设计开衩位置及长度。

四、袖口省弯身合体一片袖结构

袖口省弯身合体一片袖一般可在原型衣袖基础上变化完成。

1.袖口省

袖口省的设计可单独存在，也可隐藏在分割线中。设计袖口省的袖型一般较为合体，设计原理类似于合体衣身中的腰省。我们知道，当衣身稍合体时，可以直接在侧缝处撇去一定的量，作出正、背面外观稍收腰的效果；而当衣身收腰合体时，仅设计侧缝内收量显然不能满足款式需求，而且侧缝收量有限，一般不超过 3cm。因此，为了作出服装立体收腰的效果，一定需要在腰部设计一个或多个省道来实现造型。袖口省的设计原理也是如此。

2.制图步骤

如图 4–4 所示，袖口围 =23cm。具体制图步骤如下。

（1）将袖肘线以下的袖中线向右偏移 1.5cm，与袖口直线交于点 o。

（2）自点 o 水平向右取 12.5cm，得点 a；同时水平向左取 16.5cm，得点 b。

（3）将落山线的前、后端点分别直线连接至点 a 和点 b，得前、后袖侧缝直线辅助线。

（4）平分前、后袖肥，并分别过中点作竖直线，向上交袖山弧线于点 c 和点 d，向下交前袖口于点 e。

（5）袖肘线与袖中线的交点记为点 p，过点 a 向线段 po 作垂线段，交线段 po 的延

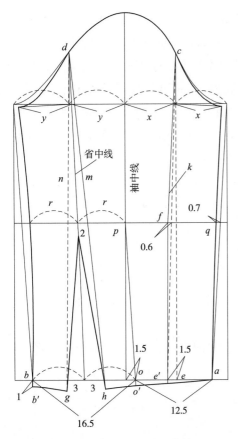

图 4-4　袖口省弯身合体一片袖结构

长线于点 o' 。

（6）自点 e 水平向左取 1.5cm，得点 e'，直线连接 ce' 并记为线段 k，然后将 k 与袖肘线交点向左移动 0.6cm 得点 f，分别直线连接 cf 和 fe' 得前袖中折线。

（7）量取 cf 与落山线交点至袖中线之间的水平线段，长度记为 x，并过交点作 cf 的垂线段，取长 x，所得点即为落山线的前端点。

（8）自前袖侧缝直线与袖肘线交点向左取 0.7cm 得点 q，过此点、落山线的前端点和 a 点，圆顺画出前袖侧缝弧线。

（9）平分水平线段 ob，将中点直线连接至点 d，得袖口省的省中线。

（10）量取省中线与后落山线的交点至袖中线之间的水平线段，长度记为 y，过交点向左作省中线的垂线段，取长 y，得落山线的后端点。

（11）自省中线与袖肘线交点水平向右量至袖中线，长度记为 r，自交点水平向左量取 r 得点，然后将此点、落山线的后端点和点 b 圆顺连接，得后袖侧缝弧线。

（12）自省中线与袖口直线交点向左、右两侧分别取 3cm 得点；将两点分别直线连接至点 b，得袖口省的两条省辅助线 m、n；向左延长前袖口线 ao'，至与省线 m 的延长线相交为止，交点记为 h；延长省线 n 至点 g，使 $n=m$。

（13）延长后袖缝弧线 1cm，并垂直引出袖口弧线至与 n 相交为止。

（14）自省中线与袖肘线交点，沿着省中线于袖肘线交点向下取 2cm 得省尖点，然后分别将点 h、g 直线连接至省尖点得袖口省的两条省线。

（15）调整 gb'，使 $gb' + ho' = ao'$。

五、合体两片袖结构设计

1. 合体两片袖

合体两片袖实质是将合体一片袖分割成两片袖结构。结构制图方法有套裁和分裁两种，这里采用套裁的方法进行制图。

2.结构制图步骤

（1）复制袖原型结构线及各辅助线（图4-5）。

（2）抬高袖山高2cm，并修顺袖山弧线。

（3）于落山线上分别平分左、右袖肥得两个中点 *a*、*b*，过此两点作铅直线交于原袖山弧线和袖摆线，交点为 *g*、*h*、*i*、*j*。

（4）取内、外袖缝标记点。分别自 *a*、*b* 两点向左、右取2.5cm得点 *c*、*d*、*e*、*f*，自 *g* 点向右取两次1.3cm得点 *k*、*l*，于 *h* 点向左1cm取点，而后于1cm处向左、右分别取2.5cm，得点 *m*、*n*；于 *j* 点处向右量取0.5cm得点，而后于此点沿着袖摆弧线取（袖肥 /2−5）= ◎ −5得点 *o*。于 *j* 点向右取3cm、向左取2cm得点 *p*、*q*。

（5）作袖口弧线。直线连接 *ko* 并延长1cm得点 *o′*，直线连接 *ak*、*ko′*，连接 *pm*、*qn*，连接 *nf* 并延长至与新袖山弧线相交，于交点处作水平线，连接 *me* 并延长与水平线相交于点 *s*。

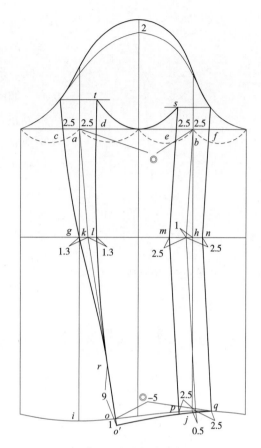

图 4-5　合体两片袖结构

（6）作内袖缝弧线。自 *o′* 沿着 *o′k* 方向取9cm作为标记点 *r*，将点 *c*、*g*、*r* 用圆顺弧线连接，并以 *r* 为弧线与直线的切点，后沿着弧线向上延长交袖山弧线，并于交点处作水平线；过点 *d*、*l*、*r* 并以 *r* 为切点作圆顺弧线，向上延长至与前面的水平线交于点 *t*。

（7）分别过点 *s*、*t* 和前后袖片分界点作圆顺的凹形曲线得小袖窿弧线，将 *oq* 用平滑圆顺的弧线连接成袖口曲线。

第三节　变化衣袖结构制图原理

一、喇叭袖

喇叭袖的特点是袖山平、下摆大，形似喇叭，手臂自然下垂时，袖身褶量自然展开，形成丰富而流畅的线条美（图4-6）。

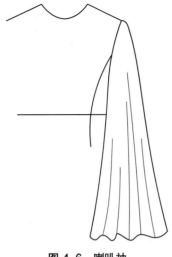

图 4-6 喇叭袖

进行结构设计时，袖身剪切线的设计与袖型密切相关。剪切线的位置、数量不同，每一条剪切线的展开量不同，都关系着袖身褶量的大小和造型。

如图 4-7 所示，总展开量均为 35cm，但两种方法得到的袖型不同。我们可以把袖原型中剪切线所分割成的每一部分叫作平面无褶部位，而展开的类似三角形部分均为袖身中出褶的部位。如图 4-7（a）所示，褶部与平面无褶部相当，形成的褶数量少而每一个褶量大，因此褶的造型挺阔、袖身整体外扩，属于简约大气、廓型感较强的造型。而图 4-7（b）中，褶部与平面无褶部也相当，但形成的褶数量较多而每一个褶量较小，最终衣袖造型或飘逸或垂感十足。

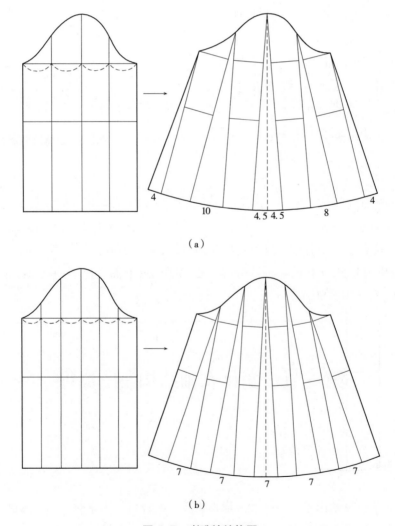

（a）

（b）

图 4-7 喇叭袖结构图

二、褶裥袖

褶裥袖款式图如图 4-8 所示。此款褶裥袖的特点是肩部有少量肩泡，袖身较宽松，袖口褶量大。结构设计方法是将原型一片袖作竖直剪切，拉展出一定的量，使袖山弧长增加的同时袖身和袖口增大，从而形成整个袖型的褶量和宽松度。具体展开量可根据款式和个人喜好确定。当然，竖直剪切线位置和数量的设计直接影响整个袖子的造型状态。

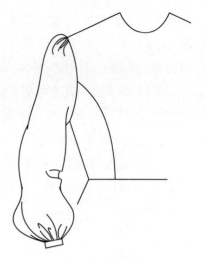

图 4-8　褶裥袖

三、泡泡袖

泡泡袖是指在袖山处抽碎褶而蓬起呈泡泡状的袖型，是富于女性化特征的女装肩部样式。这一袖型的特点是袖山部位宽松而向上鼓起，缝接处有或多或少、或密或疏的褶，主要应用于春夏秋季连衣裙、礼服等的设计中（图 4-9）。

1. 泡泡袖结构设计原理

（1）为使袖山鼓起呈泡泡状，切展后，将袖山顶点适当抬高，增加袖山部位的容量。切展量越大，袖山顶点的抬高量越大，袖山鼓起量也越大（图 4-10）。

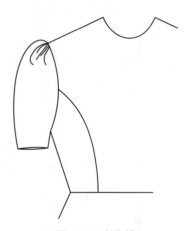

图 4-9　泡泡袖

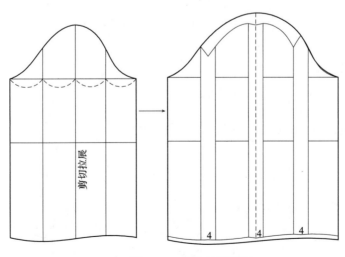

图 4-10　褶裥袖结构图

（2）进行泡泡袖设计时，须将衣片的前、后肩宽适当减小，以免整体效果显得肩部过宽。鼓起量越大，则衣片前、后肩宽的减小值越多。一般女装 38cm 的肩宽要缩小到 35cm 左右才合适，不然肩部鼓不起来，导致袖山下垂且向两边张开，从视觉上给人一种肩宽而下垂的不协调视觉感。

（3）泡泡袖款式丰富而多样。根据袖子长度可分为长袖和短袖，根据袖身肥瘦程度可分为适体和宽松泡泡袖，根据袖口尺寸可分为普通袖口泡泡袖和宽口泡泡袖。

2. 泡泡袖结构分类

（1）袖山高增加，袖肥不变。做法是将落山线自两端开剪，同时把袖山高剪断，然后将前、后袖山旋转打开，展开量根据袖山抽褶量的大小设定（图 4-11）。

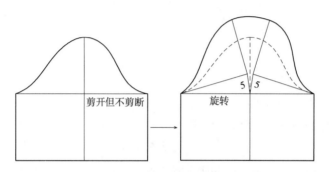

图 4-11 泡泡袖结构图（a）

（2）加大袖肥、袖山高和袖口。做法是先将袖中线剪断，然后将前、后袖之间平行拉展出一定的量，最后将袖山高和落山线剪切拉展出适合的量即可（图 4-12）。

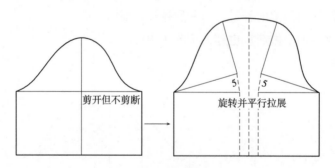

图 4-12 泡泡袖结构图（b）

（3）袖口不变，袖山与袖身呈扇形展开（图 4-13）。

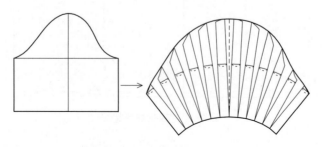

图 4-13 泡泡袖结构图（c）

（4）袖山不作旋转展开，只作横向和纵向拉展（图4-14）。

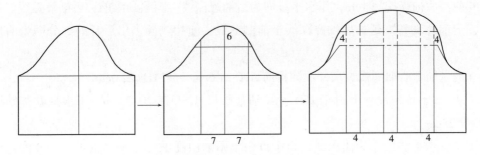

图 4-14　泡泡袖结构图（d）

四、灯笼袖

灯笼袖是在一片袖基础纸样上，通过剪切拉展得到，袖口抽碎褶，袖型较蓬松，袖子轮廓较夸张，穿着舒适自由。灯笼袖的袖身结构设计原理与喇叭袖相同，区别在于喇叭袖袖口无束口处理，而灯笼袖袖口设计了袖克夫或者松紧带等束口结构。灯笼袖根据袖山造型的不同可以分为泡泡肩灯笼袖和平肩灯笼袖。

1. 泡泡肩灯笼袖

（1）尺寸规格设计。关于尺寸规格设计需要注意以下两点。

①前、后袖山斜线长由变化后的衣身袖窿弧长为依据。

②袖长 SL 可根据款式自由定尺寸。

（2）衣身结构设计。结构制图如图4-15所示。

①利用第三代女装原型制图，原型前片腰节线对齐后片腰节线。

②修正领窝。前、后领窝均开大0.7cm，前领窝同时挖深0.7cm，后领窝不挖深；画顺前、后领窝弧线。

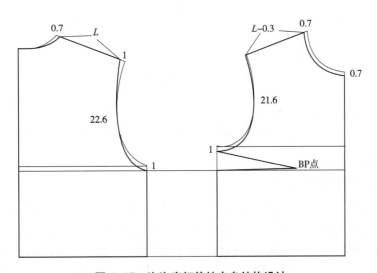

图 4-15　泡泡肩灯笼袖衣身结构设计

③缩短后肩长。自后肩点沿后肩线缩短 1cm。取前肩线长 = 后肩线长 –0.3。

④前、后袖窿挖深 1cm，作水平线即为后袖窿深线，圆顺画出前、后袖窿弧线。

⑤定前片胸省。延长后袖窿深线至前侧缝线，前片侧缝多出后片的部分即为前片胸省量。

⑥测量前、后袖窿弧长尺寸。测得前 AH=21.6cm，后 AH=22.6cm。

（3）袖子结构设计（图 4-16）。短袖袖长尺寸 SL 在 20~23cm，可根据款式设计此款 SL 为 22cm。

①画一水平线段作为落山线，自中点向上画袖山高 16cm，计算依据是 0.8 倍的平均袖窿深，得袖山顶点。

②量取袖长。自袖山顶点竖直下取 22cm 作为袖长。

③画出下平线，即袖口线，然后落山两端竖直连接到袖口。

④画袖山弧线。四等分前袖山弧线，每一份记作"△"，于第一等分点和第三等分点处分别垂直袖山斜线向上、向下作垂线段，长度为 1.8cm、1.3cm，中点下移 1cm 处作为袖山曲线与斜线相交的转折点；在后袖山斜线上，自顶点向下取"△"于此点处作抬高量 1.8cm；三等分后袖山斜线，下端等分点处为弧线转折点，再将斜线下端的 1/3 平分，中点处作垂直凹进量 0.6cm，最后用圆顺曲线连接上述标记点，完成袖山曲线的绘制。

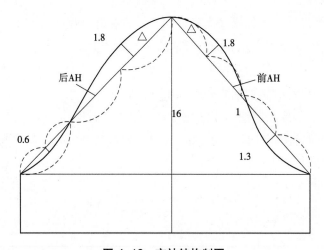

图 4-16　衣袖结构制图

（4）设计肩部和袖身展开量。

①先将袖山部位的中线和落山线剪开但不剪断，旋转左右袖山部位，展开袖山顶部得到肩泡量（图 4-17）。

②圆顺画出袖山弧线。

③设计灯笼袖剪切线。为使袖子更加圆顺自然，前、后袖分别分成两段剪切。

④按照剪切线将袖子自袖口向上剪开但不剪断，然后将每一片展开相同的量。袖子展开量要在袖中心线两边均匀展开。最后根据剪切展开的纸样效果，勾画出灯笼袖轮廓，完成纸样。

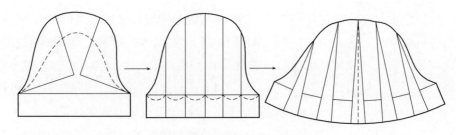

图 4-17 泡泡肩灯笼袖衣袖结构设计

2.平肩灯笼袖

平肩灯笼袖的特点是袖山弧长不变,袖山以下呈扇形展开。具体操作方法如图 4-18 所示。这种情况下,由于袖山弧长不变,与袖山弧线相匹配的衣身袖窿弧线长度也不需要做调整。

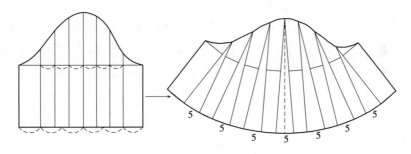

图 4-18 平肩灯笼袖结构图

五、羊腿袖

羊腿袖的造型特点是袖山弧线缩缝出褶,落山线以上的整个袖山部分鼓起量大,而袖身合体,袖口收紧,整体呈羊腿状而得名(图 4-19)。

1.结构制图要点

(1)袖山鼓起量大,说明需要将袖山部位剪切展开幅度偏大。

(2)为使整体袖型合理自然,袖山以下至袖肘之间的部位也应稍作展开。

(3)袖肘以下合体,需要借助袖口省来实现合体造型。

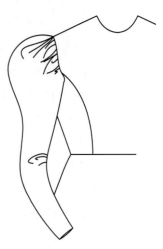

图 4-19 羊腿袖款式图

(4)袖身与合体一片袖制图原理相似,但省道设计不同。

2.制图步骤

(1)将袖肘线以下的袖中线向右偏移 2cm,与袖口直线交点 o(图 4-20)。

(2)自点 o 水平向右取 12cm,得点 a;同时水平向左取 17cm 得点 b。

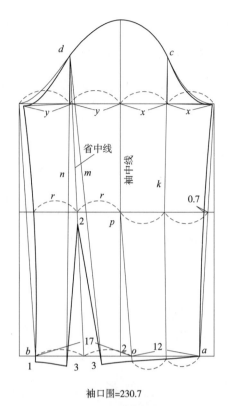

袖口围=230.7

图 4-20 羊腿袖结构设计

（3）将落山线的前、后端点分别直线连接至点 a 和点 b，得前、后袖侧缝直线辅助线。

（4）平分前、后袖肥，并分别过中点作竖直线，向上交袖山弧线于点 c 和点 d。

（5）袖肘线与袖中线的交点记为点 p，过点 a 向线段 po 作垂线段，交于线段 po 的延长线上，得垂足；平分点 a 至垂足之间的前袖口线。

（6）将前袖侧缝直线与袖肘线交点至点 p 之间的水平线段两等分，然后将此点与点 c 和上述前袖口中的点两两直线连接，得前袖袖中线 k。

（7）量取 k 与落山线交点至袖中线之间的水平线段，长度记为 x，并过交点作 k 的垂线段，取长 x，所得点即为落山线的前端点。

（8）自前袖侧缝直线与袖肘线交点向左取 0.7cm 得点，过此点、落山线的前端点和 a 点，圆顺画出前袖侧缝弧线。

（9）平分水平线段 ob，将中点直线连接至点 d，得袖口省的省中线。

（10）量取省中线与后落山线的交点至袖中线之间的水平线段，长度记为 y，过交点向左作省中线的垂线段，取长 y，得落山线的后端点。

（11）自省中线与袖肘线交点水平向右量至袖中线，长度记为 r，自交点水平向左量取 r 得点，然后将此点、落山线的后端点和点 b 圆顺连接，得后袖侧缝弧线。

（12）自省中线与袖口直线交点向左、右两侧分别取 3cm 得点；将两点分别直线连接至点 d，得袖口省的两条省辅助线 m、n；向左延长前袖口线，至与省线 m 的延长线相交为止；延长省线 n，使得 $n=m$。

（13）延长后袖缝弧线 1cm，并垂直引出袖口弧线至与 n 相交为止。

（14）自省中线与袖肘线交点，沿着省中线下取 2cm 得省尖点，然后分别将 m、n 的下端点直线连接至省尖点得袖口省的两条省线。

（15）沿袖肘线和袖中线剪切拉展，再沿落山线和上段袖中线剪切拉展，完成纸样（图 4-21）。

六、垂褶袖

垂褶袖的造型特征是袖子前后分布着对称的向上开口的规律褶（图 4-22）。

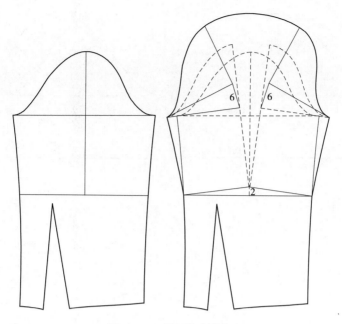

图 4-21　羊腿袖结构图

1. 垂褶袖结构原理

与前面讲述的泡泡袖、灯笼袖的褶原理不同，泡泡袖和灯笼袖的褶都是由工艺缝缩而形成的自然褶皱，褶的分布和密度均具有一定的主观性和可变性，而垂褶袖的褶皱则是有规律的人工褶皱。结构制图时首先要理解制图原理，此款袖子在长度和宽度上都要追加足够的褶量才能实现效果，其次要设计好每个褶的位置和折叠量的大小。在工艺处理时，每一个褶皱都要严格按照结构制图设计来折叠、熨烫、固定，做好准备工作后，绱袖时跟平袖一样缝制即可。

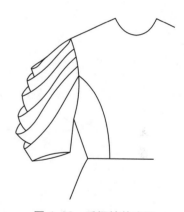

图 4-22　垂褶袖款式图

2. 垂褶袖结构制图步骤

（1）画基本袖结构。自袖肘线向上作短袖水平袖口线。袖口两侧收 2cm 作袖缝线（图 4-23）。

（2）设计高度方向的剪切线起始点。袖中线自下向上取 4cm 得袖中剪切线起始点；后袖山弧线自下向上取 7cm 得后袖山剪切线起始点；前袖山弧线自下向上取 6cm 得前袖山剪切线起始点。

（3）画剪切线。分别将前、后袖山剪切线起始点以上的前、后袖山弧线五等分，同时将袖中剪切线起始点以上的袖中线五等分，然后将前袖山、后袖山上的等分点分别与袖中线上的等分点两两直线连接，得剪切线。

（4）平行拉展增加袖宽。沿袖中线剪断，平行拉展 2cm。

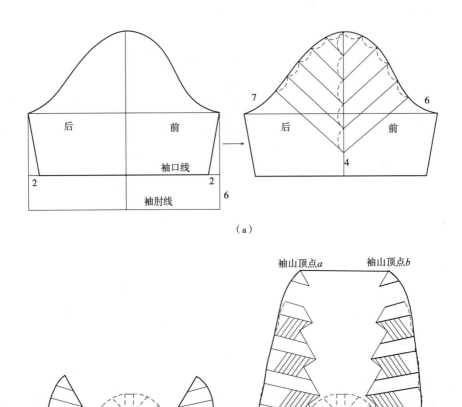

图 4-23　垂褶袖结构图

（5）追加袖身横向褶量。沿着前、后袖原中线和袖口线分别剪开但不剪断，以袖口前、后摆点为中心向外旋转前、后袖片，展开宽度为 8cm。

（6）平行拉展取得高度上的褶量。分别沿着每一条剪切线剪断，从下端第一条剪切线开始逐一向外拉展 5cm，总共拉展 25cm 的褶量。

（7）勾画袖山轮廓。注意理解袖山顶点的处理，因款式图中袖山顶点处也有较大的褶量，袖山顶点展开之后有两个，两个袖山顶点在工艺上无缝对合之后，之间的余量便形成款式中所需要的垂褶量。故袖山顶点 a 和 b 之间应以直线相连。

七、花苞袖

花苞袖款式图如图 4-24 所示。

1. 花苞袖造型特点

此款花苞袖的造型特点是袖缝开口，且袖缝造型为优美的弧线，前后袖缝之间有重叠量；袖山容量较大，袖山处缝缩抽碎褶；整体袖山和袖身较宽松，而袖口较合体。

2. 结构制图步骤

（1）画基本袖结构。

①取落山线以下9cm作为袖长。侧缝线两侧均收进3.5cm，画出前、后侧缝线并向下延长0.5cm得前、后袖摆点。

②分别平分左、右袖肥，并过两个中点竖直向上画直线交于袖山弧线，得前、后袖缝开口线上端点。

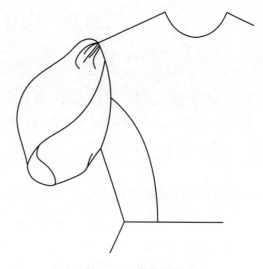

图4-24　花苞袖款式图

③圆顺连接两侧摆点至前、后袖缝开口线上端点，得前、后袖缝弧线。

（2）设计分割线。过后袖山顶点竖直画线得一条分割线，以此线为准向右4cm画一条分割线、向左画两条分割线，间距均为4cm。前片同理画出共4条分割线。

（3）设计展开量。自上而下沿每条分割线剪开但不剪断，以分割线下端点为中心分别旋转每一个袖片，旋转宽度可设计为3cm，得袖山褶量。

（4）最后圆顺连接各袖片即可（图4-25）。

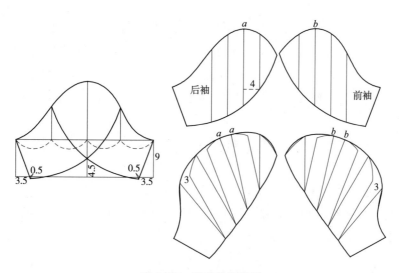

图4-25　花苞袖结构图

第四节 连身袖结构制图原理

连身袖顾名思义，是指衣袖与衣身或衣身的某一部分连裁成一个整体的袖子。插肩袖也属于连身袖。中性插肩袖是指插肩袖成型后呈现出的中间状态，既不十分贴体，也不很宽松的状态。

一、连身袖结构设计

1. 连身袖分类

连身袖根据衣袖与衣身连接部位不同而名称不同。

（1）插肩袖。插肩袖是指前、后片的一部分与衣袖相连，前、后衣身自领窝向袖窿部位设计有弧形分割线，最终分割线与袖底缝线相连为一体。插肩袖根据有无省道分为无省插肩袖、有省插肩袖；根据片身数不同分为两片式插肩袖、三片式插肩袖；根据宽松程度又分为合体插肩袖、宽松插肩袖；插肩袖中还有一种特殊的半插肩袖，是指衣身分割线被肩部省线截断，肩省线至袖口的部分连为一体，而肩省线至领窝的部分仍然与衣身相连成一体的袖型。

（2）连身袖。连身袖是把整个衣袖与衣身连裁的袖型。连身袖也有宽松和较宽松之分，较宽松连身袖一般设计有袖裆结构。

（3）蝙蝠袖。蝙蝠袖是连身袖中比较特殊的一种，其特殊性就在于肩线与袖中线在一条直线上。

2. 连身袖结构设计要点

（1）连身袖无论宽松与否，落山线与袖中线始终保持垂直，以免袖子变形。

（2）连身袖有合体、宽松之分，袖子结构设计要素的变化规律不变。袖山高改变，袖肥和贴体度也随之改变。变化规律与其他袖型一致：袖山高越高，袖肥越小，贴体度越高，袖底线与衣身侧缝直线形成的夹角θ越小；相反，若袖山高越低，袖肥越大，贴体度越低，θ越大。

（3）袖中线与过肩点水平线的夹角越小，袖子越宽松，袖山高也越小，袖山高减少量等于袖窿开深量。

（4）落山线在中性插肩袖（袖山高 =AH/3）中与袖窿弧线形成的交点，在其他任何插肩袖中都要保持不变，也就是说，同一号型系统中的任何一款插肩袖的落山线都要经过此点，以保证充足的腋下活动松量。

二、连身袖结构设计实践

1. 中性插肩袖

中性插肩袖是指插肩袖成型后所呈现出的既不很贴体也不很宽松的中间状态。服装风格属于较贴体风格（图 4-26）。

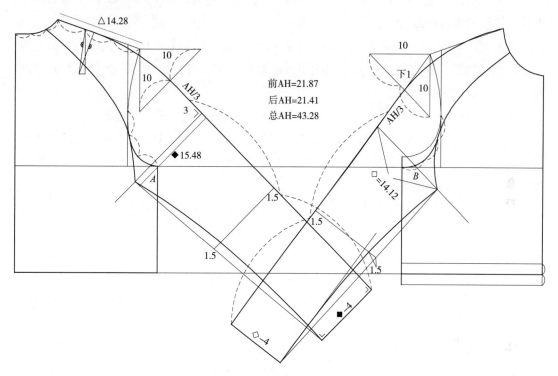

前AH=21.87
后AH=21.41
总AH=43.28

图 4-26　中性插肩袖结构图

袖子的宽松程度可用一个角度来衡量，即袖中线与过肩点水平线的夹角（可记为 β），β 越小，人体穿着时，手臂自然展开时的抬高程度越大，这说明手臂的活动幅度越大，腋下容量就越大，衣袖便越宽松。反之，β 越大，人体穿着时，手臂自然展开时越贴近侧缝，说明手臂的活动幅度越小，活动越受限制，腋下便越贴体，腋下容量就越小，衣袖也越贴体。

袖山高为基本袖山高 AH/3。与一片式原型袖相似，从中性插肩袖向其他风格插肩袖变化时，可向合体风格变化的范围偏小，而可向宽松风格变化的范围较大，这与基本袖山高 AH/3 有关。原型的总袖窿弧长 AH=42cm，因此 AH/3=14cm，而袖山高不能无限增大，袖肥也不能无限缩小，要考虑袖肥满足臂根部的基本活动量。对于一般款式来说，插肩袖的袖山高不超过 18cm 为宜，否则影响基本活动。而袖山高缩小范围较大，可从基本袖山高逐渐缩小至 0。当袖山高为 0 时，肩点与腋下点在同一竖直线上。

（1）拓好衣身前、后片，且将前片乳突量二分之一处作为腰线，并将袖窿开深至与后片侧缝线平齐，修顺前袖窿弧线。

（2）将胸宽线、背宽线与前、后袖窿弧线的切点至袖窿深点（前后分界点）之间的弧线分别三等分，自上取第一等分点即为前腋下点、后腋下点。

（3）于前衣片肩点引出坐标轴线并取（10，10）的坐标点所在正方形得角平分线，于中点下移 1cm 作另外的角平分线，取长为袖长得袖中线。

（4）取袖山高，作落山线。先在袖中线上取基本袖山高 AH/3，并从袖山高的落山点作袖中线的垂直线即为落山线。

（5）作分割线（公共边线）。画出插肩袖前片的公共边线切于大约前腋点，从前腋点至落山线画弧，弧长与前片公共边线以外的袖窿剩余部分长度相同，弧度相似，方向相反，并由此确定袖肥。

（6）前袖口 = 前袖肥 −4cm，注意袖口两边角为直角，得内袖缝辅助线。

（7）作内袖缝弧线。于落山点沿袖中线上取 3cm 得点，后将此点至袖口之间的袖中线平分，于中点上移 1.5cm 作袖肘线。将内袖缝辅助线沿袖肘线凹进 1.5cm，并过此凹点用圆顺曲线作出内袖缝弧线。

（8）后片插肩袖结构处理与前片基本相同，区别之处在于以下两点。

①袖中线位于肩直角的平分线上（前片须下降 1cm）。

②袖子与衣身公共线位置的设计有助于将后肩胛省并入后插肩断缝内，因此同时具备了功能上的意义。

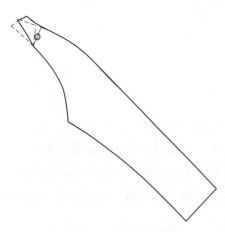

图 4-27　后片收省结构图

（9）转省。将后片肩胛省转移至后分割线中（图 4-27）。一是保证了结构与款式相符；二是保证了前、后肩长和前、后袖长相等。

从以上结构制图中，可以总结出中性插肩袖的几个设计要点，这也是中性结构插肩袖需满足的三个标准。

①袖山高 = 基本袖山高 =AH/3。

②袖中线平分过肩点的直角。

③前袖窿加深量 =1/2 前乳突量。

2. 其他插肩袖

除中性插肩袖之外，还有其他更合体或更宽松的插肩袖（图 4-28）。

不同风格插肩袖除了袖山高、袖肥、袖窿深不同之外，后片肩胛省的处理方式也有区别。一般地，宽松插肩袖的肩胛省可直接作为肩部松量存在；合体插肩袖的肩胛省可根据款式保留省道或将省转移到分割缝中。因此，插肩袖肩胛省的处理方式与插肩袖的风格直接相关。

（1）确定袖中线方向。将中性插肩袖的袖中线向上抬高，具体数值依款式而定，然后画袖中线并取袖长。

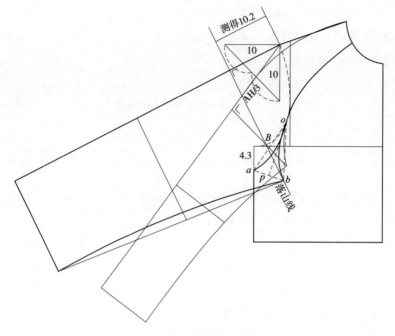

图 4-28 插肩袖结构图

（2）作落山线。过中性插肩袖与原型袖窿弧线形成的交点 B，向袖中线作垂线，即为落山线。

（3）测量袖山高。自肩点量至落山线与袖中线的交点，测得袖山高 =10.2cm。

（4）计算差值。袖山减少量 = 基本袖山高 AH/3- 实际袖山高 =4.3cm。因此，袖窿挖深量 = 袖山减少量 = 4.3cm。

（5）挖深袖窿 4.3cm 得点 a，并画顺袖窿分割线。

（6）画衣袖分割线。袖窿分割线转折点定为点 o，直线连接 oa 并测量，并过点 o 向落山线画线段 ob，使 ob=oa，连接 ab 并取中点，将中点与点 o 直线连接，以此线为对称轴画弧线 ob，使弧线 ob 与弧线 oa 方向相反，弧度相似，长度相等（图 4-29）。

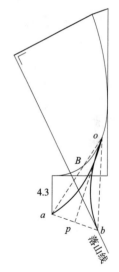

图 4-29 插肩袖结构细节图

（7）画前袖口 = 前袖肥 -4cm，注意袖口两边角为直角，画内袖缝弧线。

从以上制图过程得出结论：袖中线的方向决定袖山高和袖肥的大小。

3. 连身袖

如图 4-30 所示，此款连身袖的款式特点是：整体呈箱型，衣身与衣袖均较宽松；门襟为单排扣小门襟，五粒扣；领型为无领

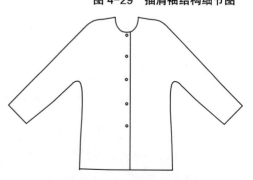

图 4-30 连身袖款式图

（领口领），且领口较合体；腋下宽松；平摆。

（1）前片结构制图步骤如下。

①本款连身袖设计规格见表4-1。

表 4-1　连身袖规格表　　　　　　　　　　　单位：cm

项目	原型	胸围	腰围	衣长	袖长	袖口宽
尺寸	160/84A	106	106	68	58	14.5

②转省。将侧缝省转移至袖窿处形成袖窿省（图4-31）。

③作门襟2cm，然后腰围以下取长30cm得衣长。

④设计领省。由于衣身领窝处较为合体，且为无领结构，需将领窝略收紧以作出服帖、美观的领口领。在距离门襟止口5cm处取点，并直线连接至BP点得省线一，沿着领窝取值0.5cm作省线二。领窝省完成。

⑤作肩线。将侧颈点抬高0.5cm得侧颈点，同时肩点抬高1.5cm、加宽0.5cm得肩点，连接侧颈点和肩点得前肩线。

⑥定袖长、作袖中线。过肩点作水平线段10cm、竖直线段10cm，连接两点得斜线并三等分。连接肩点至斜线上端1/3处并延长，取前肩线长58cm，得袖中线。

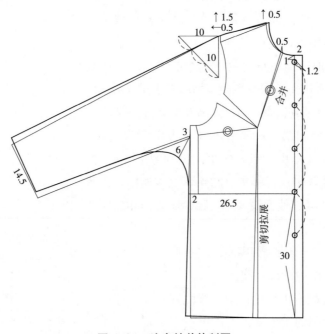

图 4-31　连身袖前片制图

⑦设计腰围。增加前腰围2cm，画侧缝直线。

⑧作袖口。垂直袖中线作袖口线14.5cm。

⑨作袖底缝线。挖深袖窿3cm得袖窿深点，连接袖窿深点至袖口线。

⑩合领省。由于款式中无领窝省，需将领省转移至他处。由于上衣属于中长款式，整体呈箱型，一般地，箱型下摆略作外扩处理，以保证臀腰部的舒适性和运动机能。因此，可在前衣身设计一条假想的省线，将领省转移至此，作为松量存在即可。具体做法是，过 BP 点作竖直线交于底摆，作为假想腰省线。然后将领省经过衣袖至此线处的衣片作为整体，将领省转移至此省线处形成腰省。其省量作为前衣身腰部以下的松量存在，侧缝自然外扩。此举起到了收领省同时略增大底摆的双重作用。

⑪画腋下连身弧线。平分转移后的袖底线与侧缝直线的夹角，并在角平分线上取长 6cm 得点，经过此点圆顺连接袖底缝和侧缝。

⑫画底摆。垂直侧缝线引出圆顺自然的底摆弧线。

（2）后片结构制图步骤如下。

①转省。将肩省转移至袖窿处形成袖窿省（图 4-32）。

②作肩线。将侧颈点抬高 0.5cm 得侧颈点，同时肩点抬高 1.5cm、加宽 0.5cm 得肩点，连接侧颈点和肩点得前肩线。

③作领窝弧线。将侧颈点圆顺连接至后颈点，得后领窝弧线。

④定衣长。腰围以下取长 30cm 得衣长。

⑤定袖长、作袖中线。过肩点作水平线段 10cm、竖直线段 10cm，连接两点得斜线并三等分。连接肩点至斜线上端 1/3 ~ 1cm 处，并延长，取前肩线长 58cm，得袖中线。

⑥设计腰围。增加前腰围 2cm，画侧缝直线。

⑦作袖口。垂直袖中线作袖口线 14.5cm。

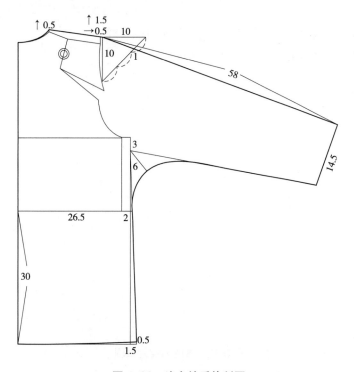

图 4-32 连身袖后片制图

⑧作袖底缝线。挖深袖窿 3cm 得袖窿深点，连接袖窿深点至袖口线。

⑨画底摆、侧缝和袖底缝线。底摆水平外扩 1.5cm 得摆点，直线连接至袖窿深点得侧缝直线。平分袖底直线与侧缝直线的夹角，并在角平分线上取长 6cm 得点，经过此点圆顺连接袖底缝和侧缝。将摆点上移 0.5cm，圆顺画出底摆弧线。

4. 蝙蝠袖

蝙蝠袖，属于连身袖中比较特殊的一种。其特殊性就在于肩线与袖中线呈 180° 夹角，也就是说，肩线与袖中线在一条直线上。腋下容量大，侧缝线与袖底线从腰线上下部位开始外扩而圆顺相连成一体。袖口可大可小，蝙蝠袖衫衣长一般偏短，下摆可收紧也可自然敞开。穿着者手臂自然下垂时，腋下会有诸多褶量。

此款蝙蝠衫下摆采用紧摆贴边做收紧处理，无领，袖口较小，无袖克夫。整体款式简洁时尚、舒适大方（图 4-33）。

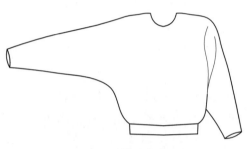

图 4-33　蝙蝠袖前片制图

（1）前片结构制图步骤（图 4-34）。

①转省。将侧缝省转移至袖窿处形成袖窿省。省量作为袖窿宽松量存在。

②前胸宽增加 1cm 作侧缝线，腰围线以下取 20cm 作衣身底摆直线。

③前肩线长记为 △，测得 △ =12.17cm（△ ≈ 12.2cm）。

④画袖中线。过侧颈点作水平线，平分水平线与原型前肩线的夹角，在角平分线上取前肩长 = △，继续取袖长 =54cm，得肩线和袖中线。

⑤取袖口线。垂直袖中线取袖口宽线 12cm。

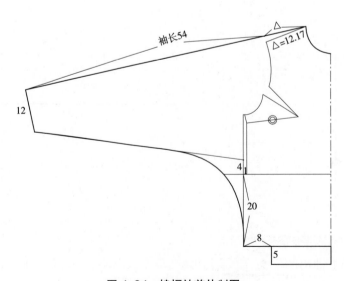

图 4-34　蝙蝠袖前片制图

⑥作袖底缝和侧缝线。自腰线沿着侧缝线上取 4cm 得点，将此点与袖口线下端点直线连接，得袖底直线。然后以合理的弧度圆顺连接袖底缝直线和侧缝线，使之成圆顺、合理、自然的一条弧线。

⑦作紧摆贴边。紧摆贴边长是在前底摆直线的基础上缩短 8cm，宽为 5cm 画出。

（2）后片结构制图（图4-35）。

①平分肩角。在角平分线上取△ +0.5cm，继续取袖长 54cm，得肩线和袖中线。

②取袖口。垂直袖中线取袖口宽 13cm。

③后胸宽加大 4cm，并取腰围以下 20cm 得侧缝线。

④作袖底线。腰围线以上取 4cm 得点，并直线连接至袖口，得袖底缝直线。圆顺连接侧缝直线与袖底缝直线，得袖底弧线。

⑤作紧摆贴边。长度在后片底摆直线的基础上缩短 8cm，宽为 5cm。

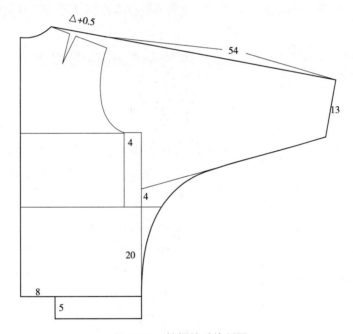

图 4-35　蝙蝠袖后片制图

第五节　落肩袖结构设计

落肩袖，是指衣身袖窿弧线沿着肩部向下垂落的袖子。落肩袖的特点是肩线加长、盖过肩宽，袖子上袖山的一部分剪切拼合到衣片上，与衣身合为一体，而袖山高降低，袖窿弧线下落使得服装产生落肩的外观效果。落肩袖的袖型宽松，外观亲切柔和，袖子舒适度高。

一、落肩袖袖型分析

落肩袖属于低袖山结构，袖窿开深度要大，袖宽度小，整体弧度偏小，窄而平，呈狭长形袖窿，落肩袖的袖山弧线状态也偏平直。因此得出结论：结构设计时，袖山弧线与袖窿弧线的弧度变化一致，使腋下舒适而不会出现面料堆积现象。

二、落肩袖结构设计要点

（1）落肩量是袖长的一部分。衣身肩点下落量应等于衣袖结构中袖长的减少量。

（2）肩宽比实际人体的肩宽值要大，袖窿加深。

（3）因肩宽增大，结构上要保持平衡，胸宽、背宽也应增大，袖窿弧线呈窄长形。

（4）袖山高降低，袖肥增大，袖山弧线的缩缝量很小甚至等于零或负值。

三、落肩袖结构制图实例

落肩袖款式特点：开口领，领窝开大较多，领口前中呈小 V 字形；单排四粒扣、小门襟；衣身为落肩结构；普通袖山，灯笼短袖结构，有袖克夫结构；衣身较宽松，前后对称分布着袖窿分割线（图 4-36）。

1. 衣身结构制图（图 4-37、图 4-38）

（1）前、后衣身原型对齐，画好腰围线。

（2）设计胸围增大量。成品胸围 106cm，比原型胸围加大 10cm，胸围增大量平均分配在每个衣片上。

图 4-36　落肩袖款式图

（3）加大前、后片胸围。前、后胸宽线均增加 2.5cm，作侧缝线，并在腰围线以下取长 15cm 得衣长，画水平线交于前、后中线，得底摆直线。

（4）修前领窝。前领窝开大 6cm；同时延长袖窿深线 1.5cm，得门襟止点。自前颈点沿领窝取值 1.5cm，然后与门襟止点直线连接，得 V 型领口。

（5）修后领窝。后领窝开大 6.5cm，加深 2.5cm，然后圆顺画出后领窝弧线。

（6）画前肩线。测得前肩线长△ =6.2cm，延长肩线，取落肩量 5cm。

（7）画后肩线。自侧颈点取后肩长 = 前肩长 = △，然后取 5cm 得后肩长。

（8）挖深袖窿，画袖窿弧线。前袖窿挖深 7cm、后袖窿挖深 6cm，自落肩点圆顺连接至袖窿深点得袖窿弧线。前、后肩点向下弧进 0.7cm，修顺前、后肩线。

（9）计算并分配胸腰差。成品胸围 106cm，成品腰围 84cm，算出胸腰差为 22cm。半身制图中胸腰差即为 11cm，分配原则如下：后中腰线收去 1.5cm，后腰省 2.5cm，前、后侧缝分别收去 2cm，前腰省量 3cm。

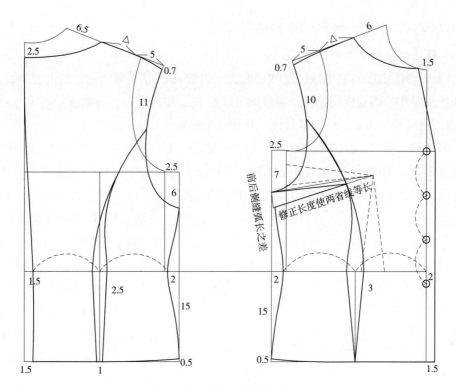

图 4-37 落肩袖结构制图

（10）画侧缝弧线。圆顺连接袖窿深点、腰端点至摆点上移 0.5cm 处。

（11）画后中弧线。圆顺连接后颈点至后腰端点，然后向下画竖直线交于底摆线。

（12）画底摆弧线。垂直于侧缝弧线和后中曲线圆顺引出底摆弧线。

（13）画分割线。平分前、后成品腰围，画省中线交至底摆弧线。前、后省取大 3cm、2.5cm；前、后分割线起始点分别位于前、后袖窿弧线上端 10cm 和 11cm 处。圆顺连接至前、后腰省两端得分割线。注意，后分割线下端留开口 1cm。

（14）画腋下省。量取前、后侧缝弧线长，并计算差值。此差值即为前腋下省量。将 BP 点直线连接至袖窿深点，然后自袖窿深点沿前侧缝弧线取省大得点，直线连接至 BP 点，得下端省线。

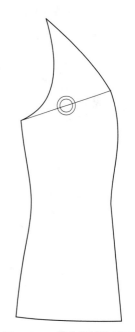

图 4-38 落肩袖结构制图

（15）修省。下端省线与分割线交点作为省尖点，分别连接至省的两个端点，得省线，然后修正下端省线，使之长度等于上端省线，完成。

（16）定扣位。第一粒扣位在原袖窿深线与前中线交点上，扣子直径 1.2cm。自腰围下取 2cm 得第四粒扣位，最后三等分之间的线段得到其他两粒扣位。

（17）将前片侧缝省转移至前分割线中。

2. 衣袖结构制图（图 4-39）

（1）先画落山线和袖中线。此款总袖长定为 25cm，落肩量 5cm，袖山高 7cm，取落山线以下 5cm 作袖摆直线辅助线，继续向下取长 8cm 作为袖口展开褶量长。

（2）侧缝外扩 4cm，画侧缝斜线，并延长 1.5cm。

（3）画袖山。自袖山顶点向左右两端分别取后袖山斜线 = 后 AH-0.5，取前袖山斜线 = 前 AH-0.5。四等分前袖山斜线，第一等分点垂直斜线上取 0.8cm，最后一个等分点垂直斜线向下凹进 0.7cm，自袖山顶点沿线取 1/4 前袖山斜线，并垂直向上取 0.8cm，沿后袖山斜线自下向上取 1/4 前袖山斜线，并垂直凹进 0.5cm，圆顺连接以上标记点至袖缝斜线上端点，得袖山弧线。

（4）画袖摆线。垂直两端袖缝直线引出圆顺的袖摆弧线。

（5）画袖口贴边。取长 40cm 为袖口围值，宽度 4cm，居中折叠，中间缝合松紧带以束口。

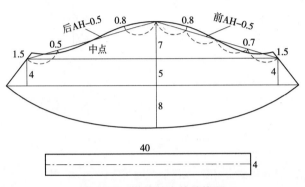

图 4-39　落肩袖衣袖结构图

第五章　成衣结构制图方法研究

第一节　成衣结构制图的一般步骤

一、确定原型及其使用方法

前面我们分析和使用的原型主要有第一代文化式原型、第一代合体原型（合体老原型）、箱型原型、A 型原型、第三代文化式原型、新文化原型（第七版）、合体新文化原型。那么，结构制图时应该选用哪一种原型呢？

下面我们总结分析一下。首先，分析服装款式风格，属于合体或较合体造型的应选用以上合体原型，属于箱型或 A 型的则选用箱型原型或 A 型原型，也可使用其他原型变化而来。然后分析服装中的分割线位置和数量，新文化原型的优势在于省道的设计丰富，款式立体性较强，可根据款式需要选用。另外，还要分析肩线位置，肩线位置偏前或偏后可表现出衣身的平衡性，这与前后衣身的高低之差关系密切。

二、成衣结构制图的一般步骤

1. 后衣身

（1）放出后胸围尺寸，放长后衣身长。定出袖窿深部位，修正侧缝线造型。

（2）放、缩领窝，放出后肩缝的前、后衣身内衣厚度影响量。

（3）定出后肩宽，消除后浮余量时，改低肩斜放出后肩缝缩量，根据服装造型，画出袖窿形状。

2. 前衣身

（1）放出前胸围尺寸，放长前衣身长，放出前门襟面料厚度影响量。

（2）放出前叠门量，画出前领窝基准线，画出前衣身下放量。

（3）按后肩缝量减去后肩缝缩量后定出前肩缝量，画前肩线和实际前领窝线。

（4）按后衣身袖窿深定出前衣身袖窿深，修正侧缝，画顺底边。

（5）将前后侧缝差量移至款式所需的省道上，按造型画顺前袖窿。

（6）画出衣身内部部件结构图。若前衣身需放出撇胸，应以 BP 点为旋转中心将原型旋转，作出撇门量后，再按 1、2 的步骤制图。

第二节　合体连衣裙结构设计研究

一、款式分析

合体连衣裙多为合体收腰风格，连腰型，波浪下摆；前、后各设置对称性分割线；中长裙，合体长袖，无袖肘省；后中设置隐形拉链；领型为圆角翻领；合体袖克夫，普通开衩设计。

二、结构制图

1. 规格设计

合体连衣裙的规格见表 5-1。

表 5-1　合体连衣裙规格表　　　　　单位：cm

号型	部位尺寸	胸围	腰围	臀围	肩宽	衣长	袖长	袖口围
160/84A	原型尺寸	94	74	90	37.44	38	54	
	成品尺寸	94	72	96	37.44	93	58	23

2. 衣身结构制图

（1）转省。将侧缝省转移至腋下形成腋下省（图 5-1）。

（2）画好框架。自后中顶点取衣长 93cm 画底摆辅助线；取臀长 18cm 画臀围线。

（3）确定胸围大。合体长袖连衣裙的胸围放松量为 10cm，修正后的原型胸围放松量也是 10cm 左右，故合体原型胸围即为成品胸围，不必修改。

（4）领口与肩线。肩部保留 1cm 肩胛省（若款式中没有肩胛省，可以采用分散消除的方法从侧颈点和肩点去掉省量），剩余 0.5cm 作为后肩吃势缝去。

（5）画后中线和侧缝线。在原型腰省量不改动的情况下，原型腰围比成衣腰围小 2cm，这个量可以在后中腰部去掉。底摆向外摆出 5cm，画顺侧缝线。

（6）画分割线。如图确定分割线与前、后袖窿处的起始点，分割线分别经过腰省的左右端点，底摆摆出 4cm 的量，把摆角修正呈直角。

（7）画摆线。摆线垂直于后中线和分割线，弧度平缓，自然圆顺。

3. 衣袖结构制图

（1）量取衣身前、后袖窿弧线长记为前 AH=22cm，后 AH =23cm（假设合体衣身袖窿取值）（图 5-2）。

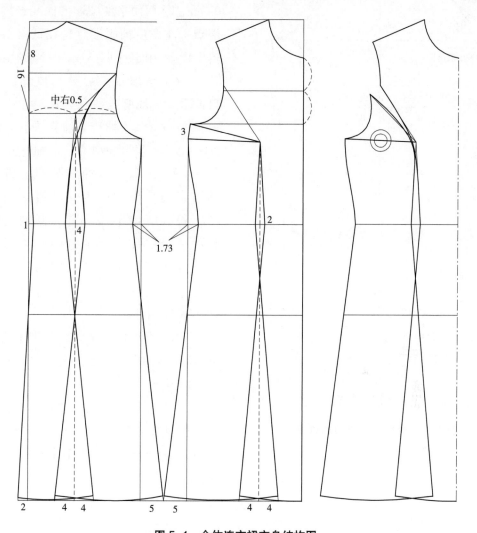

图 5-1　合体连衣裙衣身结构图

（2）袖山吃势定为 1.5cm。袖山高 =0.75AHL ≈ 13.9cm（假设 AHL=18.5cm）。袖长 SL=58cm。

（3）作一竖直线作为袖中线，上端点为袖山顶点。自袖山顶点向下取袖山高 = 13.9cm，作落山线，后落山线在此基础上低落 1cm；自袖山顶点向下取长 58-3（袖克夫宽）=55cm，作袖口水平辅助线。

（4）取袖山斜线。自袖山顶点向落山线分别取前袖山斜线 = 前 AH-1+2/5 吃势 = 21.6cm；后袖山斜线 = 后 AH-（1.2 ~ 1.3）+3/5 吃势 =22.6cm。同时作袖缝直线。

（5）作袖山曲线。四等分前袖山直线，中点沿直线下落 1cm 作为转折点；上下等

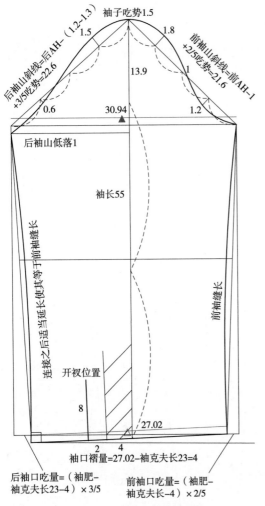

图 5-2 合体连衣裙衣袖结构图

分点处分别垂直于前袖山斜线向上凸出 1.8cm 和向下凹进 1.2cm；同时四等分后袖山斜线，于上下两个等分点处分别垂直于后袖山斜线向上凸出 1.5cm 和向下凹进 0.6cm，然后用平滑圆顺的曲线连接袖肥端点（注意后袖肥端点是在低落 1cm 的落山线上）和各个凹凸点，得到袖山曲线。

（6）量取前、后袖口吃量。后袖口吃量 =（袖肥 – 袖克夫长 –4）×3/5；前袖口吃量 =（袖肥 – 袖克夫长 –4）× 2/5；并以此为端点做出前、后袖缝斜线。

（7）作前、后袖缝弧线。将前后袖缝斜线分别向袖中线凹进适当的弧度，得到弧度平缓、自然圆顺的袖缝弧线。量取前、后袖缝弧线之差，一般情况下，后袖山弧线略短，处理方法为延长后袖缝弧线使其长度等于前袖山弧线为止。

（8）引出袖口弧线。分别于前后袖缝弧线垂直引出一条弧度平直、合理自然的袖口弧线。

（9）量取袖口弧线的长度。袖口弧线与袖克夫的差值可以设定为袖口褶量。另外，袖口褶偏后侧设计开衩位置及长度。

第三节　旗袍侧省结构设计方法研究

一、旗袍侧省结构原理

省道设计是合体女装的必然产物，旗袍侧省便是为了满足旗袍合体、美观的要求而设计的。现有的两种常用旗袍侧省结构设计方法在教学效果上各有利弊。实践证明，利用数学相关原理与结构设计原理相结合所得方法可达到相对更加好教易学的教学效果。

省道是女装设计的灵魂。我们知道，省道是为解决胸围和腰围的差值以使服装根据款式和风格需要来满足所需合体度而产生的。旗袍的合体性与舒适性要求决定了其结构设计严谨且难度大的特点，而侧省的结构设计最能反映这一特点。

二、旗袍侧省结构设计特点与方法

旗袍自产生至今，经历了漫长的演变过程，从最初清代满族时期的宽腰、超长、无领等服制发展至今已成为体现女性线条美的服装款式，它吸收了西洋的收腰适体、立领等元素，加之其特有的斜襟、盘扣等中国元素，旗袍已作为中国的国服古典、华丽、优雅地呈现在世人面前。

1. 侧省的结构设计特点

收腰、适体、美观的特性是旗袍同时具备肩省、前腰省、后腰省、侧缝省等省道以及腰侧部内收等特征的直接依据。那么，省道的设计也变成了结构设计的核心。其中，后片肩省的设计可直接由原型片肩省充当或者经变化而来，前、后腰省的设计也可根据美观性需求和经验轻松解决，唯独前片侧省的结构设计最具备技术性要求，因其在侧部的位置不易确定且受较多条件限制使然。

2. 侧省的结构设计方法

一般情况下，侧省的结构设计方法有省道转移法（将腰省转移到侧缝部位形成侧省）和直接作图法两种方法。

下面我们对两种直接作图法一一分析比较得出两者在教学中的不同应用效果。

三、旗袍侧省结构设计方法研究

1. 侧缝弧线差值法

侧缝弧线的结构设计原理如下。第一，前片侧缝省省大等于前后片腰围线以上部分侧缝长度之差；第二，前片侧缝省的两条省线长度相等。

侧缝弧线的结构设计方法与步骤如下。

（1）减少胸、背宽。根据"前紧后松"原则，前片胸宽减少3cm、后片背宽减少1cm，并重新画好前、后侧缝辅助线。

（2）作前、后侧缝线。在前、后片腰围线上分别取胸腰差并将其三等分，直线画出前、后片腰围以上侧缝线部分，并量得两侧缝线之差为△。

（3）作前侧缝省下端省线。取前、后片臀围，并圆顺连接至腰部，后片即得臀围线以上侧缝线；前片自侧缝辅助线与腰围线交点上取4cm得点，并与BP点直线连接得侧缝省下端省线延伸线；自前片腰线端点向上延续臀腰曲线的走向，平顺地连至省线延伸线得省线。

（4）取前、后侧缝之差。以 BP 点为圆心、BP 点至前侧缝辅助线的距离为半径画圆弧，交至（3）中所得省线上；然后自交点沿圆弧向上取△得点。

（5）作前侧缝省上端省线。直线连接 BP 点与（4）中所得点并延长，使其长度等于已得省线，即为所求省线。

（6）作前片侧省上部侧缝线。连接前袖窿深点与（5）中省线下端点，即得侧省上部前侧缝线部分。结构制图过程如图 5-3 所示。

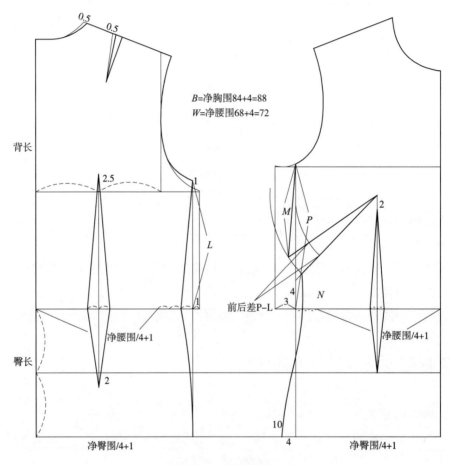

图 5-3　差值量取法

2. 前、后侧缝线等长法

（1）结构设计原理。设计原理如下。

①前、后片腰围线以上的侧缝直线部分长度相等。

②前片侧省的两条省线长度相等。

③前片侧缝省省大等于前、后片腰围线以上部分侧缝长度之差。

④圆上任意一点到圆心的距离相等。

（2）结构设计方法与步骤如下。

方法二的第一步和第二步中后片的制图步骤与方法一相同，此外不再赘述（记后片腰部以上侧缝线长为△）。以下是前片侧缝省的制图步骤（图5-4）。

作侧省的下端省线。自腰围与侧缝交点向上取4cm得点，并将其连接至BP点，所得线段即为侧缝省下端省线延伸线；三等分腰围上的胸腰差值；自前片腰线竖直向下取臀长得臀围线，并在臀围线上取臀围H/4+1得左端点；然后将此点向上圆顺连接至腰围线侧缝处第一等分点并向上延续臀腰曲线的走向，平顺地连至省线延伸线得省线。量得此省线以下、腰部以上侧缝线长为$\triangle_2$。

由于侧省的存在，前片腰部以上侧缝被分为两部分，下端的部分我们已解决（长为$\triangle_2$），下面关键是找出侧省以上部分侧缝线。根据此法结构设计原理二和原理三，我们所求侧缝线长度（记为$\triangle_1$）应满足条件：$\triangle = \triangle_1 + \triangle_2$，且所求侧省另一条省线长度应等于已得下端省线长度。

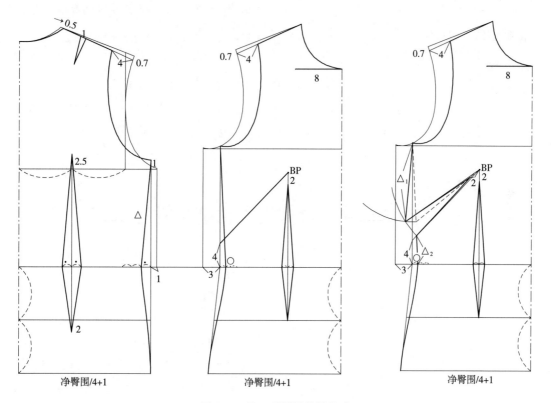

图5-4　前、后侧缝线等长法

接下来要找到一点，使此点到前袖窿深点的距离满足条件"$\triangle = \triangle_1 + \triangle_2$"且此点到BP点的距离满足条件"所求侧省另一条省线长度应等于已得下端省线长度"。前者是为了满足前、后腰围线对位准确，因此必须保证腰围线以上的前、后侧缝线相等；后者则是为了保证侧省的两条省线长度相等以确保能够自然缝合。

下面我们利用圆上任意一点到圆心的距离相等这个原理来找到上述的关键点。

其具体的做法是：以 BP 点为圆心、以已得省线长度为半径画一个圆弧，同时以前袖窿深点为圆心、以（△－△₂）为半径画另一个圆弧，两圆相交于一点，根据圆上任意一点到圆心的距离相等这个原理，此点便同时满足"△＝△₁＋△₂" "所求侧省另一条省线长度应等于已得下端省线长度"两个条件。然后将这一点直线连接至 BP 点和前袖窿深点便得到了侧省的上端省线和侧省上部的侧缝线。

3. 两种方法优缺点分析

我们知道，旗袍缝制工艺中腰围线以上前、后侧缝部分需要平顺、无褶皱且腰线对位点完全对齐缝合。教学实践证明，方法一简单易懂，但在实际操作时由于侧省上端省线在取得时未考虑其以上侧缝线长度的获得方法，从而使前、后腰部以上侧缝线长度产生偏差，虽然此偏差在误差所允许的范围之内，不影响成衣工艺，但在实际教学过程中缺乏一定的严谨性和说服力。方法二运用到简单数学原理，在理解上对个别同学来说有一点难度，但此原理的运用增加了前片侧省省线和侧缝线长度的准确性，更体现了结构制图的严谨性。因此两种方法相比，方法二从结构设计要求的层面来讲更加有据可依，且能够达到好教易学的教学目的。

4. 总结

结构设计过程与数学原理相结合往往能够很好地解决某些设计难题。

本文在进行旗袍侧省结构设计时分别利用了同圆半径相等和简单线性方程两个数学知识点，使得旗袍侧省结构设计具有了数值精确、方法易懂、操作简捷的特点。

第四节　短袖较合体连衣裙结构设计研究

一、款式分析

短袖较合体连衣裙款式如图5-5所示。这个造型较为合体，款式简洁，线条流畅。前设袖窿省与腰省，后设腰省以突出腰部造型，一片式短袖，小一字领，前 V 字形挖口，侧缝绱隐形拉链。

图 5-5　短袖较合体连衣裙款式图

二、规格设计

短袖较合体连衣裙款式的规格设计见表 5-2。

表 5-2　短袖较合体连衣裙规格表　　　　　单位：cm

号型	部位尺寸	后衣长	胸围	腰围	臀围	肩宽	袖长
160/84A	净尺寸	38	84	68	90	37.44	
	成品尺寸	89	94	78	98	37	20

三、原型法结构设计

1. 衣身结构设计

（1）原型测量并与成衣尺寸对比分析。首先测量关键部位数值并记录，如图5-6所示。

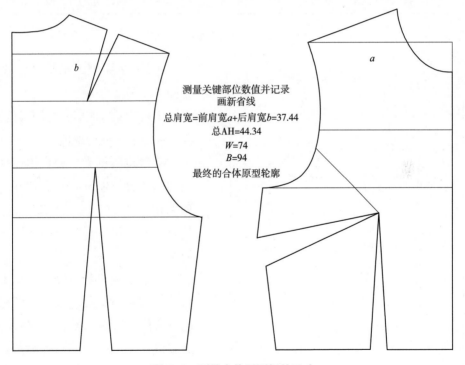

测量关键部位数值并记录
画新省线
总肩宽=前肩宽a+后肩宽b=37.44
总AH=44.34
W=74
B=94

最终的合体原型轮廓

图 5-6　测量合体原型相关尺寸

总肩宽 = 前肩宽 a+ 后肩宽 b=37.44cm（成衣肩宽37cm，后面缩短肩长，肩宽同时缩短）；总 AH=44.34cm（较合体风格）；B=84cm（成衣胸围94cm）；W=68cm（成衣腰围78cm）；然后画新省线——袖窿省线。

（2）转省。将合体原型侧省转移至袖窿形成袖窿省；前腰省大保持不变；后腰省大要根据原型腰围和成品腰围做出相应的调整（图5-7）。

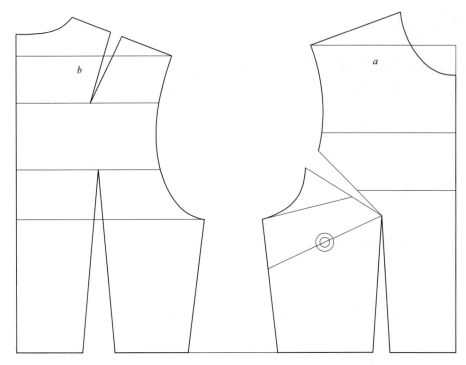

图 5-7　省道转移

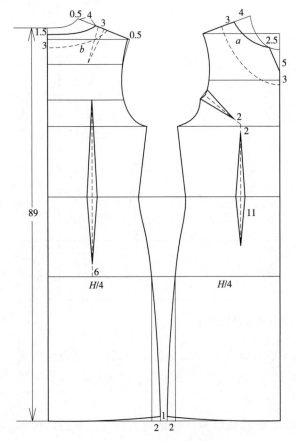

图 5-8　短袖较合体连衣裙衣身结构制图

（3）在原型上根据款式做调整
（图 5–8）。

①确定裙长 89cm、臀围线位置（臀高 18~19cm，此处取值 18cm）。

②确定胸围大。较合体短袖连衣裙的胸围放松量为 10cm，修正后的原型胸围基本放松量也是 10cm 左右，故合体原型胸围即为成品胸围，不必修改。

③绘制领口和肩线。根据款式，后片无肩胛省，故应以改变后肩线长的方法修去后肩胛省量。处理方式是：后领口开大 0.5cm，肩点处缩短 0.5cm，而后肩胛省省大是 1.5cm，剩余的 0.5cm 作为后肩线的吃势存在。后肩点的缩短使肩宽也缩小了 0.46cm，恰好去掉了合体原型肩宽比成衣肩宽多出的 0.44cm，存在 0.02cm 的误差，可忽略不计。

④绘制后袖窿弧线，前袖窿省尖点缩进 2cm。

⑤确定前后臀围大、腰围大，绘制前后侧缝线以及下摆线。前、后臀围分别取 $H/4=24.5cm$；底摆在臀围大的基础上摆出 2cm 的量；用凹凸有致的圆顺弧线将臀围端点、摆点连接至腰围右端点，完成侧缝弧线；侧缝上取 1cm 并垂直侧缝线和前后中线引出底摆弧线。

⑥绘制腰省。前腰省大保持不变；测得前后腰围数值 − 前腰省大 − 成品腰围 /2= 后腰省大。

以上制图过程可在一定程度上代表着原型法成衣结构制图的一般步骤。一般地，首先根据款式需要，确定新省线的位置，后转移省道；然后画好基本框架，如取衣长、定臀高，将结构制图的横向和纵向基本结构画好；接下来很重要的一个步骤是确定胸围，方法是：对比原型胸围和成品胸围，根据"前紧后松原则"或具体的款式要求合理分配需要增减的胸围差值；接下来确定肩线长，挖深、开大前后领口，画顺新领窝弧线；确定肩点和袖窿深点之后，画顺新袖窿弧线；然后根据胸腰差值合理分配前、后腰省大，作出腰省；最后取臀围，定摆量，画侧缝线。

2.袖子结构设计

（1）确定袖山高［图 5-9（a）］。

测量得衣身制图中的后 AH=22.6cm，前 AH=21.38cm，前、后袖窿深的平均值 AHL= ▲ =20.4cm。袖山高取平均袖窿深的 3/4=20.4×3/4=15.3cm，作落山线。

（2）画袖长线。自袖山顶点向下量取袖长 =20cm，画袖口基础线［图 5-9（b）］。

（3）定袖肥。分别取前 AH、后 AH+0.5cm，连接袖山点到袖底线，从前后袖宽点向下画至袖长线。

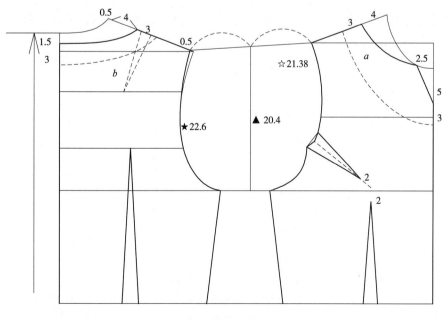

（a）

图 5-9

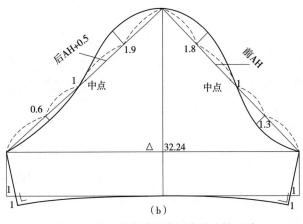

（4）画袖山弧线。根据前、后袖山斜线，画顺袖山弧线。分别四等分前、后袖山斜线，前、后第一等分点分别垂直向上1.8cm、1.9cm；前、后中点均沿斜线下降1cm作为曲线转折点；前、后下等分点分别垂直斜线向下取1.3cm、0.6cm；用饱满、圆顺的弧线连接袖山顶点与以上标记点至落山线两端点，得袖山弧线。

图 5-9　短袖较合体连衣裙衣袖结构设计

（5）画袖侧缝线和袖口弧线。袖缝自袖宽线向里收进1cm为袖口尺寸，连接袖侧缝直线并延长1cm，直角处理画袖口弧线。

第五节　落肩袖棒球衫结构设计研究

一、款式分析

落肩袖棒球衫的款式为紧摆螺纹领口，紧摆底摆贴边，紧摆袖口；较宽松风格；短款；前中拉链（图5-10）。

图 5-10　落肩袖棒球衫

二、规格设计

落肩袖棒球衫规格见表 5-3。

表 5-3　落肩袖棒球衫规格表　　　　　　　　　　　单位：cm

项目	号	型	胸围松量	成品胸围	衣长	袖长	落肩量
尺寸	160	84	36	120	52	41	10

三、合体原型法结构制图步骤

1. 后片制图步骤

（1）修正老原型呈合体原型（图 5-11）。

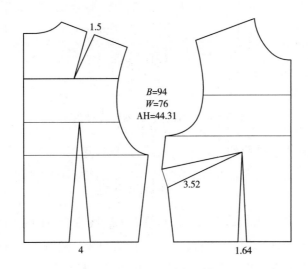

$B=94$
$W=76$
$AH=44.31$

图 5-11　合体原型图

（2）后中降低 1cm 得后颈点（图 5-12）。

（3）后侧颈点开大 1.5cm，后肩整体平行抬高 0.5cm；圆顺后领窝弧线。因为肩部有 0.5cm 的借肩（肩线偏前），根据经验，当后肩抬高 0.5cm、前肩相应降低 0.5cm 时肩线位置较合理美观。

（4）抬高后的后肩点加宽 1cm 得后肩加宽点。然后延长肩线 10~12cm（根据款式取值），这里取 10cm 得袖山顶点，然后继续延长 41cm 得袖长线，垂直于袖长线取袖口宽 17cm。

（5）取后衣长等于 52cm（可根据款式调整衣长），画后片水平底摆线。根据经验，一般棒球衫在腰围以下 12~15cm 较普遍，也可适当加长。

（6）作后侧缝线。画后侧缝线的平行线，距离 2.5cm，然后继续画 5cm 的平行线，得侧缝直线，与底摆直线相交。

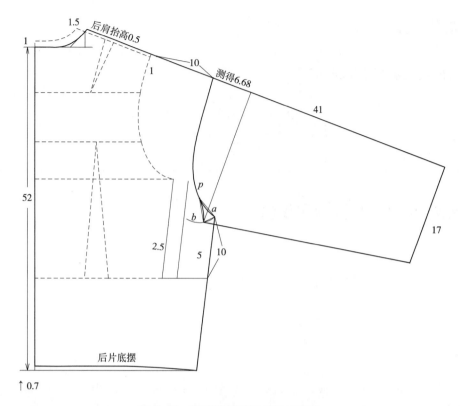

图 5-12　落肩袖棒球衫后片结构图

（7）延长原腰线至侧缝直线，并向上取 10cm 得袖窿深点。

（8）画袖窿线。过袖山顶点垂直于肩线引出袖窿弧线，圆顺连接至腋下点，得后袖窿弧线。

（9）取袖山高，作落山线。自袖山顶点沿着袖长线取合适的袖山高，并垂直于袖长线画垂线，得落山线。这里所说合适的袖山高是指落山线与袖窿弧线所形成的交点位置。因为这里袖中线并未下落，相对平直，所以袖底部与衣身重合部位较少为宜。如果袖中线下落，装袖角度变小，会考虑重合部位较多为宜，因为要保证手臂抬起时袖子的容量充足。测得后袖山高 =6.68cm。

（10）作袖山弧线。在袖窿弧线上取一转折点 p，距离袖窿深点较近。直线连接 p 至袖窿深点得线段 a；以 p 点为圆心、a 为半径画弧，交于落山线，得线段 b；过点 p 向线段 b 的下端点作弧线，要求与点 p 至袖窿深点的弧线长度相等，弧度相反，与落山线相切，并能与 p 点以上的袖窿弧线圆顺相连，呈一条自然的弧线。

（11）作袖底线。直线连接线段 b 的下端点至袖口下端点得袖底直线。

（12）画底摆线。后片底摆上凹 0.7cm（经验值）。底摆弧线自侧缝斜线底端垂直引出，最后水平引至后中线，即与后中线垂直。

2.前片制图步骤

（1）首先款式中无省，故需先将前片改造成无胸省原型，前腰省可作为放松量存在，不做处理（图 5-13）。

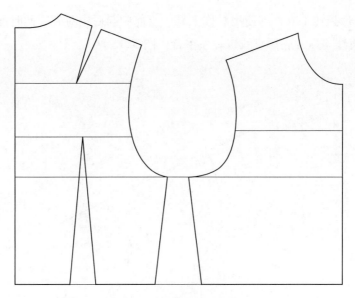

图 5-13　前后衣片对位方式

（2）省道转移。将胸省转至腰间形成前片腰省。前片根据面料可选择设置撇胸，一般情况下，如果是条纹面料，不会设计撇胸；如果是无条纹的面料，可以设计撇胸。

（3）作侧缝斜线。将前片侧缝按照后侧缝线的角度做出侧缝斜线，可用直线测量法或者角度量取法。

（4）定侧缝线长。沿侧缝线量取侧缝长度＝后侧缝线长度≈16.1cm。画出底摆直线，与前中线相交为止。

（5）将前片的袖窿深线和腰线与后片一一对齐（图 5-14）。

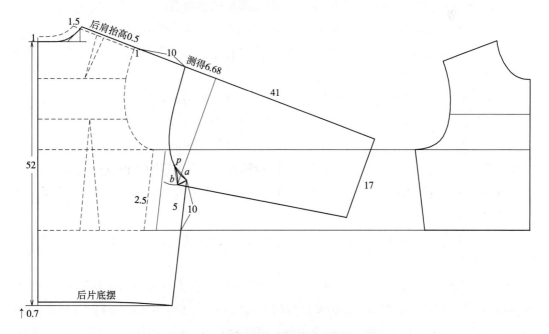

图 5-14　落肩袖棒球衫前后对应关系图

（6）将前片翻转（或合理使用对称工具）至前中与后中对齐。此时前侧缝线与后侧缝线，前底摆直线与后片底摆直线也一一重合（图5-15）。

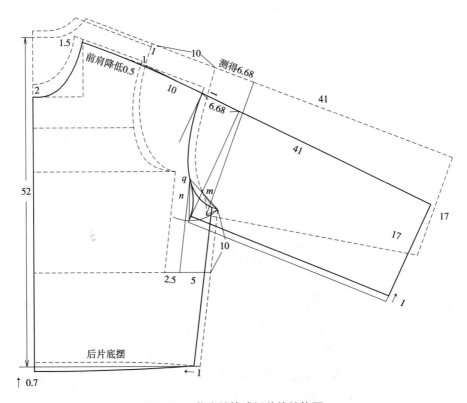

图5-15 落肩袖棒球衫前片结构图

（7）前片领窝挖深2cm，开大1.5cm，画出圆顺的领窝弧线。

（8）前肩线整体平行下降0.5cm，并将肩点加宽1cm得前肩加宽点。

（9）自前肩加宽点沿所在直线延长10cm，后垂直于此线段向下作垂线段1cm，作为前肩下落量，记为袖山顶点。

（10）将前肩加宽点与前肩下落点直线连接，并自袖山顶点沿所在直线取41cm作为袖长，垂直袖长线作袖口直线17cm。

（11）取袖山高，作落山线。自袖山顶点沿着袖长线取袖山高＝后袖山高＝6.68cm，作垂线即为落山线。前片落山线与前袖窿弧线所形成的交点位置距离袖窿深点比后片远，因为前袖中线下落了1cm，装袖角度变小，所以袖底部与衣身重合部位变多，这是由于要充分考虑手臂抬起时袖子的容量要充足。

（12）作前袖窿弧线。过袖山顶点垂直于肩线引出袖窿弧线，圆顺连接至腋下点，得后袖窿弧线。

（13）作袖山弧线。在袖窿弧线上取一个转折点q，此点可取新前袖窿弧线与距离原侧缝斜线2.5cm的平行线的交点，距离袖窿深点较远些。直线连接q至袖窿深点得线段m；以q点为圆心、m为半径画弧，交于落山线，得线段n；过点q向线段n的下端点作弧线，

要求与点 q 至袖窿深点的弧线长度相等，弧度相反，与落山线相切，并能与 q 点以上的袖窿弧线圆顺相连，呈一条自然的弧线。注意，若袖山弧线下端点正好与线段 n 下端点重合时，合理的弧度不能达到袖山和袖窿两段弧线相等的目的，那么可以适当延长袖山弧线。

（14）作袖底线。直线连接线段 n 的下端点至袖口下端点得袖底直线。

（15）画顺肩线。将肩直线与落肩部分自然圆顺连接，并与袖长线衔接呈一条弧度自然、光滑圆顺的弧线。

为了与借肩的结构相符合，前片侧缝和袖底处也同样做了收缩处理。处理方案是：后片不变，前片收缩 1cm，同样也形成 0.5cm 的借势。如图 5-15 所示，线段 n 的下端点与袖山弧线的下端点不重合。

（16）作袖底线。直线连接袖山弧线下端点至袖口下端点，然后平行缩减 1cm，得前袖袖底线。

（17）作底摆弧线。前片底摆弧度与后片相反，下凸 0.7cm。侧缝缩减 1cm 交于后底摆弧线，得侧缝斜线。底摆弧线要求跟后片一致，与前中线垂直、与侧缝线呈钝角，平缓圆顺。

四、比例法结构制图步骤

1. 基本框架结构制图

各部位所需尺寸规格如表 5-4 所示。这里胸围松量取 36cm，故成品胸围 =120cm。

表 5-4　宽松外套各部位尺寸规格表　　　　　　　　单位：cm

各部位取值	宽松外套原型
胸围松量	36
前后差	0.5
后领宽	9
前领宽	8.5
后领深	2.5
前领深	8.5
后肩下落量	5.5
前肩下落量	6.3
胸线深	28.5
背长	38
前肩长（无省）	后肩长 −0.5
背宽 /2	21.7
胸宽 /2	20.3

续表

各部位取值	宽松外套原型
前胸围 /2	30
BP 点深	24.4
BP 点宽	11.5
冲肩量	1 ~ 2
前下翘	0.5
前侧省	胸省角度 /2
后侧省	胸省角度 /2

（1）作矩形。此处 B 为成品胸围，宽 =B/2+6=66cm；高 = (号 /5+6) + 后领深 = 40.5cm。

（2）取后领宽 =B/20+3=9cm、后领深 =2.5cm。

（3）量取前后上平线之差 X/2=1.5cm。

（4）取前领深 = 前领宽 = 后领宽 –0.5=8.5cm (图 5–16)。

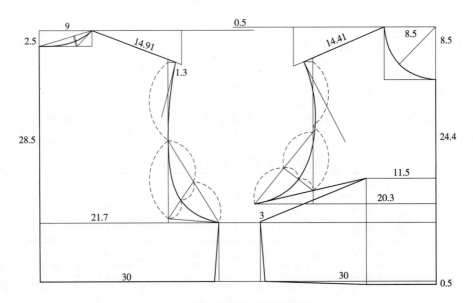

图 5-16　宽松外套原型制图

（5）量取后肩下落量为 5.5cm，前肩下落量 =7.5–0.4X=6.3cm。

（6）作袖窿深线。自后颈点下取 B/4–1.5=28.5cm；作水平线的袖窿深线。

（7）取前胸围 =B/4–(0.6–X/5)=30cm，后胸围 =B/4+(0.6–X/5)=30cm，并画出前、后侧缝直线辅助线；同时取后背宽 =0.15B+3.7=21.7cm，画背宽线。

（8）取肩点。根据两个范围：冲肩量 =1~2cm，肩宽适当增大凑出合适的肩点位置。

（9）测量后肩长 =14.91cm，取前肩长 = 后肩长 –0.5(后肩吃势)=14.41cm 得前肩点。

（10）取前胸宽 /2= 后背宽 /2–1.4=20.3cm，画胸宽线交于前肩线。

（11）圆顺画出前、后领窝弧线。

（12）取前胸省 X=3cm，画出前袖窿深线。

（13）定前、后肩角度数。前肩角度 =85°，后肩角度 =95°。

（14）取 BP 点。量取 BP 点深 =（号 + 型）/10=24.4cm，BP 点宽 =B/10–0.5=11.5cm。

（15）画腋下省。先连接 BP 点至胸省上端点得胸省上端省线；分别以胸省上端点和 BP 点为圆心，分别以 3cm 和胸省线长为半径画弧，取两弧交点直线连接至 BP 点得胸省下端省线，并画出前侧缝直线。

（16）画前、后侧缝斜线。方法一——量取角度法。分别于前、后侧缝处量取前、后侧缝偏角 = 胸省角度 /2。方法二——量取直线法。先测量胸省省线长记为 a，然后分别自侧缝上端点沿着侧缝直线取长 a，后取水平线段长 =X/2=1.5cm。

（17）画前下翘 =2–X/2=0.5cm。

（18）画顺前、后袖窿弧线。

2.后片制图步骤

（1）尺寸规格与合体原型法制图相同，见表 5–5。

表 5-5　落肩袖棒球衫规格表　　　　　　　　　　　　　　单位：cm

项目	号	型	胸围松量	成品胸围	衣长	袖长	落肩量
尺寸	160	84	36	120	52	41	10

（2）后中降低 0.5cm 得后颈点（图 5–17）。

（3）后侧颈点开大 1cm，后肩整体平行抬高 0.5cm；圆顺后领窝弧线。因为肩部有 0.5cm 的借肩（肩线偏前），根据经验，当后肩抬高 0.5cm、前肩相应降低 0.5cm 时，肩线位置较合理美观。

（4）取后衣长等于 52cm（可根据款式调整衣长），画后片水平底摆线。根据经验，一般棒球衫在腰围以下 12~15cm 较普遍，也可适当加长。延长后侧缝线与底摆直线相交。

当落肩袖的落肩量大于 2cm 且小于 5cm 时，落肩的画法是直接延长原肩线，使得肩点下落，袖窿宽也因此变小，此时要适当加深袖窿深（加深量视款式而定）。

当落肩袖的落肩量大于 5cm 时，原肩点外侧的肩斜线以适当下落为好。

（5）肩点需加宽 1cm，1cm 为经验值，会使肩部宽松舒适。

（6）延长肩线 10~12cm（根据款式取值），这里取 10cm，并斜向下作垂线段 2cm，作肩线下落量。

（7）连接以上所述垂线段端点至肩点加宽点，自下向上取 1cm 得袖山顶点，作垂线。

（8）过袖山顶点沿着所在直线方向取袖长 41cm，垂直于袖长线取袖口宽 17cm。

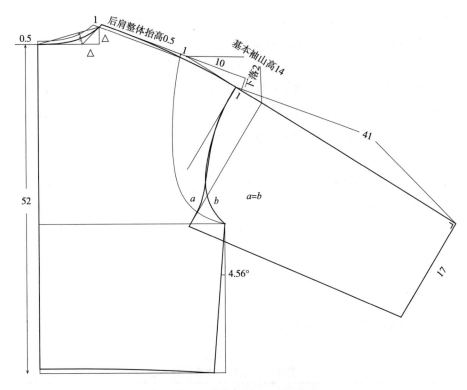

图 5-17 落肩袖棒球衫后片结构图

（9）取袖山高，作落山线。落肩袖的袖山高≈标准袖山高－落肩量－袖窿挖深量。此处落肩量测量为 9.22cm，袖窿挖深量为 0。因此，此款落肩袖棒球衫的袖山高 = 14－9.22=4.78cm。自袖山顶点沿着袖长线取袖山高 4.78cm，并垂直于袖长线画垂线，得落山线。另一种方法是自肩点加宽点直接沿着袖长线取标准袖山高，画落山线。其中标准袖山高 = AH/3=14cm。

（10）画袖窿线。过袖山顶点垂直于肩线引出袖窿弧线，圆顺连接至腋下点，得后袖窿弧线。

（11）作袖山弧线。过袖山顶点向落山线作袖山弧线，要求与袖窿弧线长度相等，弧度相反，并与落山线相切。

（12）画顺肩线。将肩直线与落肩部分自然圆顺连接，并与袖长线衔接呈一条弧度自然、光滑圆顺的弧线。

（13）作袖底线。直线连接袖山弧线下端点至袖口下端点得袖底线。

（14）画底摆线。后片底摆上凹 0.7cm（经验值）。底摆弧线自侧缝斜线底端垂直引出，最后水平引至后中线，即与后中线垂直。

　3. 前片制图步骤

（1）首先款式中无省，故需先将前片改造成无胸省原型，前腰省可作为放松量存在，不做处理。

（2）省道转移。将胸省转至腰间形成前片余量。

（3）作侧缝省。将前片侧缝按照后侧缝线的角度做出侧缝斜线，可用直线测量法或者角度量取法。

（4）定侧缝线长。沿侧缝线量取侧缝长度＝后侧缝线长度≈23.5cm。画出底摆直线，与前中线相交为止。

（5）将前片的袖窿深线和腰线与后片一一对齐（图5-18）。

（6）将前片翻转（或合理使用对称工具）至前中与后中对齐。此时前侧缝线与后侧缝线，前底摆直线与后片底摆直线也一一重合，如图虚线部分即为前片无省原型结构图与后片的对应关系。

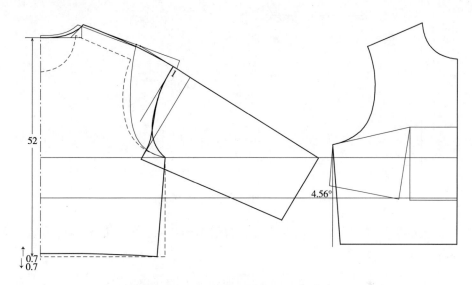

图5-18　落肩袖棒球衫前后片对位关系

（7）前片领窝挖深1cm，开大1cm，画出圆顺的领窝弧线。

（8）前肩线整体平行下降0.5cm。肩点需加宽1cm得前肩加宽点，1cm为经验值，会使得肩部宽松舒适（图5-19）。

（9）自前肩加宽点沿所在直线延长10cm，后垂直于此线段向下作垂线段2cm，作为前肩下落量。

（10）将前肩加宽点与前肩下落点直线连接，然后反向取1cm得点，即为袖山顶点。自袖山顶点沿所在直线取41cm作为袖长，垂直袖长线作袖口直线16.5cm。

（11）取袖山高，作落山线。自前肩加宽点沿着袖长线取标准袖山高14cm，作垂线即为落山线。测量得前袖山高为4.8cm。

（12）作前袖窿弧线。过袖山顶点垂直于肩线引出袖窿弧线，圆顺连接至腋下点，得后袖窿弧线。

（13）作袖山弧线。过袖山顶点向落山线作袖山弧线，要求与袖窿弧线长度相等，弧度相反，并与落山线相切。

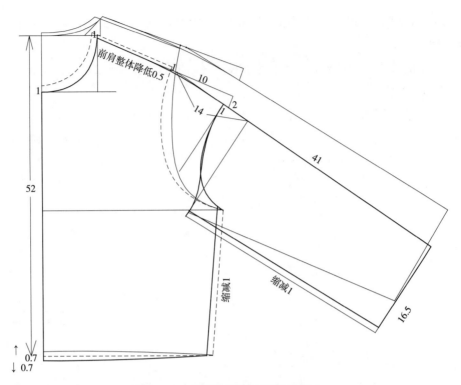

前肩整体降低0.5

图 5-19　落肩袖棒球衫前片结构图

（14）画顺肩线。将肩直线与落肩部分自然圆顺连接，并与袖长线衔接呈一条弧度自然、光滑圆顺的弧线。

为了与借肩的结构相符合，前片侧缝和袖底处也同样做了收缩处理。处理方案是：后片不变，前片收缩 1cm，同样也形成 0.5cm 的借势。

（15）作袖底线。直线连接袖山弧线下端点至袖口下端点，然后平行缩减 1cm 得前袖袖底线。

（16）作底摆弧线。前片底摆弧度与后片相反，下凸 0.7cm。侧缝缩减 1cm 得侧缝斜线。底摆弧线要求跟后片一致，与前中线垂直、与侧缝线呈钝角，平缓圆顺。

第六节　女式紧身夹克结构设计研究

一、款式分析

女式紧身夹克为合体风格；长袖，合体两片圆装袖；小立领；对襟，上拉链；过肩设计，前片一条横向分割与一条竖向分割组合；后片一条横向分割线，两条竖向分割线；衣身底摆和袖口处分别设计横向分割；前身对称分布有袋盖的口袋（图 5-20）。

图 5-20　女式紧身夹克款式图

二、规格设计

女式紧身夹克规格设计见表 5-6。

表 5-6　女式紧身夹克规格表　　　　　　　　　　单位：cm

项目	号	型	衣长	胸围	腰围	肩宽	袖长	下摆围
尺寸	160	84	52	94	74	38	58	90

三、衣身制图步骤设计

1. 选用原型

首先选用合体老原型进行结构制图，然后需要将合体老原型中的侧缝省转移至腋下形成腋下省（图 5-21）。

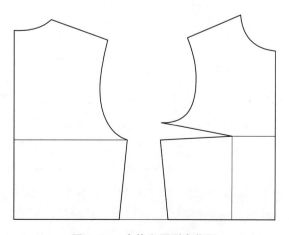

图 5-21　合体老原型变化图

2. 制图步骤

（1）前、后衣片对位。后腰水平线对齐前侧缝底端点的水平线。

（2）取衣长。后腰线以下14cm得衣长，并画出前、后侧缝直线和底摆直线。

（3）作前、后侧缝弧线。将原型侧缝斜线圆顺连接至摆点，并修改侧缝弧度，使腋下略呈外凸造型，以符合人体腋下肋骨外凸的形态，腰以下外凸以符合胯部外凸形态（图5-22）。

（4）作过肩线。自后中顶点向下8.5cm处画水平线，交至后袖窿弧线。前过肩线是距离肩线3cm的平行线。

（5）设计腰省量。首先测量紧身夹克原型中的腰围是88cm，比成品夹克腰围大14cm，因此半身制图大7cm，前分割线中包含省量2.5cm（一般不超过3cm为宜），后分割线包含腰省量可设计为2.5cm和2cm。

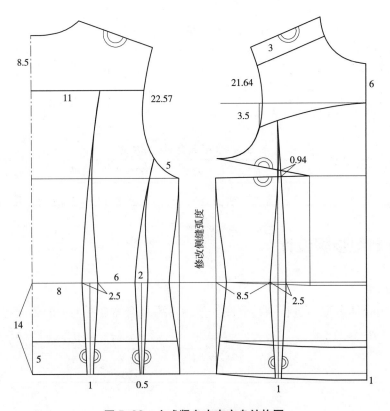

图5-22 女式紧身夹克衣身结构图

（6）作后片竖向分割线。距离后中8cm处为分割线腰端点，腰省大2.5cm，然后向右6cm处取省大为2cm的分割线腰端点。分别过两个腰省大中点向下作竖直线，交至底摆线。由于腰线以下衣长较短，省下端设计开口更有利于造型的自然流畅。两分割线开口大小分别为1cm和0.5cm。在后过肩分割线上自左向右取11cm得左分割线起始点，自袖窿深点沿着袖窿弧线取约5cm得点，作为右分割线起始点。然后分别用合理的弧线圆顺连接分割线起始点、腰端点、分割线底摆开口点，将后片过肩以下分割为三片身。

（7）作前片横向分割线。前中线自上而下取6cm得点，作水平线，并垂直水平线向下取长 3.5cm，同时要求交至前袖窿弧线，由此确定一点，将此点圆顺平缓地连接至前中所得点处，即为前横向分割线。

（8）作底摆弧线。前中线下移 1cm，圆顺连接至侧缝线得底摆弧线。要求底摆弧线与侧缝线垂直。

（9）作前片竖向分割线。自侧缝直线沿腰线取 8.5cm 得腰省省大左端点，接着取 2.5cm 的省大，平分省大并过中点作竖直线，向下交至底摆弧线，向上交至横向分割线，交点即为竖向分割起始点。腰省下端开口1cm，平分在交点两端。最后圆顺连接分割起始点、腰省省大两端点至底摆开口点，竖向分割完成。

（10）作紧摆贴边。自底摆向上量取 5cm，分别作前、后底摆线的平行分割线。紧摆贴边单独成片并在分割处合并起来（图 5-23）。

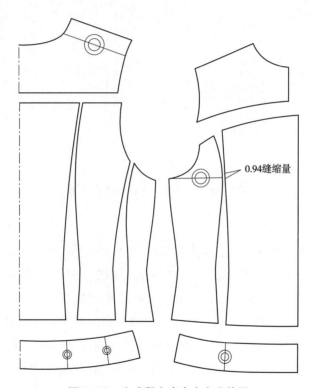

0.94缝缩量

图 5-23 女式紧身夹克衣身分片图

（11）合并前侧片上、下两部分。

（12）组合过肩。前、后过肩以肩线为准合并。

四、衣袖制图步骤设计

1.袖型分析

女式紧身夹克的袖型为合体两片袖结构，袖口围 27cm，袖长 58cm，袖山高 15cm，紧摆袖口宽为 5cm。详细制图过程如图 5-24 所示。

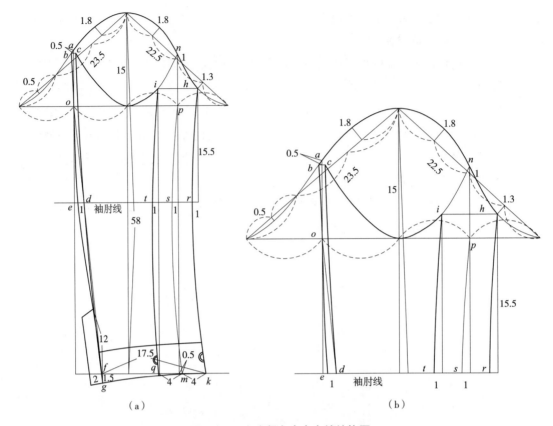

图 5-24 女式紧身夹克衣袖结构图

2.制图步骤

（1）测量得前 AH=21.64cm，后 AH=22.57cm。

（2）取袖长，袖山高，画落山线。取一竖直线段长 58cm，即为袖长，上端点即为袖山顶点。自上而下取袖山高 15cm，画水平线即为落山线。

（3）作袖山弧线。先作袖山斜线。自袖山顶点向落山线左右两端分别取线段长（后 AH+0.8~1cm）、（前 AH+0.8~1cm），这里取后袖山斜线 23.5cm，前袖山斜线 22.5cm。四等分前袖山斜线，第一等分点垂直斜线上凸 1.8cm，后袖山斜线上凸点和上凸量与前袖山相同。第二等分点沿斜线下取 1cm 作为袖山弧线转折点，第三等分点下凹 1.3cm 得点 h。三等分后袖山斜线，并将下端 1/3 份两等分，中点处取下凹量 0.5cm。过上述标记点和袖山顶点、落山线两端点，圆顺做出袖山弧线。

（4）作袖肘线。落山线以下 15.5cm 作水平袖肘线。

（5）作袖口辅助线。过袖中线下端点取水平线。

（6）作内、外袖缝辅助线。分别平分前、后袖肥得点 p 和点 o。过两点分别作竖直线，向上交袖山弧线于点 n、a，向下交至袖口辅助线，其中前袖交点水平右取 0.5cm 得点 m。

（7）取袖口宽。过点 m 水平向左、右两侧分别取 4cm 得点 q、k，k、q 两点为大、小袖内袖缝的下端点。已知袖口围 27cm，因此袖口宽应自 m 点水平向左取 27/2=13.5cm（或自点 k 左取 17.5cm），得点 f。

（8）作大袖内袖缝弧线。过点 h 作竖直线交至袖肘线，交点向左 1cm 得点 r，圆顺连接 h、r、k 三点，得大袖内袖缝弧线。

（9）作小袖内袖缝弧线。以 n 点所在竖直线为对称轴，将点 n 以下的前袖山弧线对称，过点 h 作水平线交此弧线与点 i。过点 i 作竖直线交至袖口直线，与袖肘线交于一点，自交点向左 1cm 得点 t，圆顺连接三点 i、t、q，得小袖内袖缝弧线。

（10）作大、小袖外袖缝弧线。自点 a 下取 0.5cm 作水平线，向左交袖山弧线于点 b，向右取等值得点 c。直线连接点 o 和点 f，并延长 1.5cm 得点 g。所得直线交袖肘线于点 d，自点 d 左取 1cm 得点 e。圆顺连接点 b、o、e、g，并修正下端与斜线相切，得大袖外袖缝弧线。圆顺连接点 c、d、g，并修正下端与斜线相切，得小袖外袖缝弧线。

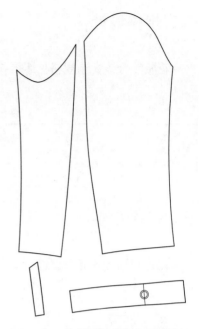

图 5-25 女式紧身夹克衣袖分片图

（11）作袖口弧线。自点 g 垂直引出弧线切于袖口直线。

（12）作小袖后袖山。以线段 bc 的中点所在竖直线为对称轴，将点 b 以下的后袖山弧线对称即可。

（13）作袖口分割。自袖口弧线向上平行取 5cm 弧线即可。

（14）作袖衩条。向后延长袖口线 2cm，并向上取 12cm。分片图见图 5-25。

第七节 花瓶领合体女装结构设计研究

一、款式分析

花瓶领合体女装收腰、合体、美观，前摆为弧形，底摆略外扩，前、后片对称分布领口至底摆的分割线，领型为连身合体小立领，袖型为合体一片袖结构，整体造型类似花瓶形状，小巧精致、优雅美丽（图 5-26）。

图 5-26 花瓶领合体女装款式图

二、规格设计

花瓶领合体女装规格见表 5-7。

表 5-7　花瓶领合体女装规格表 　　　　　　　　　　　　单位：cm

项目	号型	胸围	腰围	衣长	袖长	肩宽
尺寸	160/84A	96	77	58	56	39

三、制图步骤

首先利用合体老原型进行结构制图（图 5-27）。

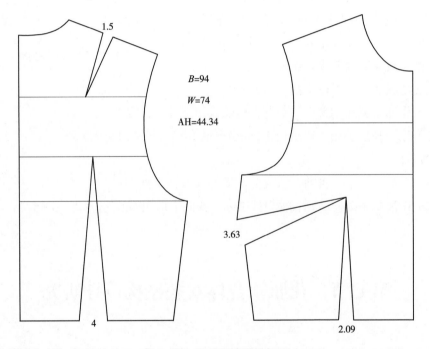

$B=94$

$W=74$

AH=44.34

图 5-27　合体老原型结构图

1. 后片结构制图步骤

（1）颈点向上取 3.5cm，同时向左取 2.5cm 得领侧点。领后中点位于领侧点水平线以下 1.5cm 处，弧线连接领侧点与领中点得领上口线。原肩点上抬 1cm，侧颈点直线连接至新肩点得后肩线。修改后肩省省大成 1cm，同时调整省尖位置，目的是使两条省线等长，同时省尖仍然交至背宽横线上。圆顺连接领侧点至肩线，使之与肩线形成圆顺自然的整体（图 5-28）。

（2）调整后片胸围，画袖窿弧线。已知合体老原型胸围是 94cm，而此款成衣胸围是 96cm，显然需要将合体老原型整体胸围增大 2cm，则半身制图需要增大胸围 1cm，由于

1cm数值偏小，根据衣身制图"前紧后松"的原则，只将后片胸围增大1cm，前片胸围不做改变即可。如图5-28所示，将后片胸围增加1cm，同时挖深袖窿1.5cm，圆顺连接后肩点与新袖窿深点，得后袖窿弧线，测得长度为25.2cm。

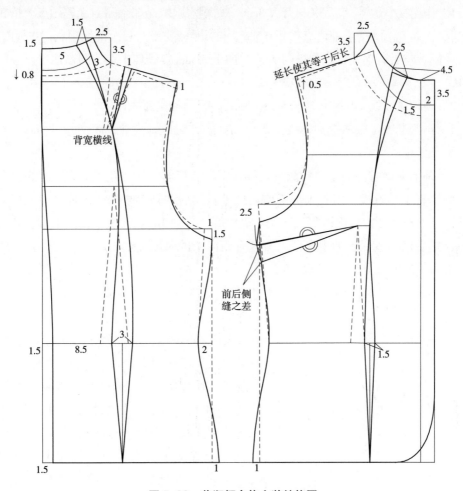

图5-28　花瓶领合体女装结构图

（3）取衣长。自后中顶点向下取长58cm得衣长。

（4）画侧缝弧线。以新侧缝直线辅助线为依据，腰围处内收2cm，底摆外扩1cm，圆顺连接各标记点，得后侧缝弧线。

（5）画后中曲线。后腰与底摆同时内收1.5cm，以背宽横线与后中线交点为切点，圆顺、自然地画出后中曲线。

（6）画后片分割线。首先确定分割线所包含腰省的位置。自后中曲线与腰线交点右取8.5cm为省位起始点，继续右取3cm为省大，向下取省中线，画出腰围以下的省边直线。自后领上口线左端，沿着上口线右取5cm得点，然后圆顺连接至省大右端点，与腰围以下右端省直线自成一体，得后侧片分割线。后片分割线起始点位于后侧片分割线起始点右侧1.5cm处，形成交叉重叠，然后圆顺连接至腰省省大左端点处，并与下端省线连成一体，得后片分割线。

（7）将肩省转移至分割线中。

2.前片制图步骤

（1）作连身小立领。首先领口开大3cm，领深挖深1.5cm，然后自新侧颈点上抬3.5cm，接着右取2.5cm得领侧点，前肩点抬高0.5cm，自领侧点圆顺连接至前侧颈点，并画前肩线，延长肩线使其与后肩线等长。取搭门2cm并向上3.5cm得领前中点，圆顺连接至领侧点得领上口线。

（2）画袖窿弧线。挖深袖窿2.5cm，圆顺画出前袖窿弧线。

（3）画侧缝线。腰围端点不变，仍以前片合体老原型为准，底摆外扩1cm，圆顺画出前片侧缝弧线。

（4）画前侧缝省。测量前后侧缝弧线之差，差值即为前侧缝省的省大。修改合体老原型中侧缝省下端省线，使省大等于前后之差。然后调整上端省线位置，使之与下端省线等长，且严格保证前后侧缝弧线等长。做法是，先以BP点为中心，以下端省线长为半径作弧，然后以袖窿深点为中点，以侧缝省线以上的原侧缝线长度为半径作弧，两弧交点即为所求。连接此交点至袖窿深点完成。

（5）画门襟止口线与底摆线。修正门襟止口线与底摆线夹角成圆顺、美观的造型即可。

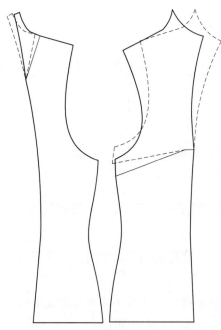

图5-29 花瓶领合体女装分片图

（6）画前片分割线。自前中线上端点沿着领上口线取值4.5cm，为前中片分割线起始点，原前腰省右端点作为新腰省的左端点，省大取值1.5cm，作省中线，并向下画出省边直线。自前中片分割线起始点，圆顺、自然地连接至腰省右端点，得前中分割线。前侧片分割线起始点位于前中分割起始点右侧2.5cm处，形成交叉重叠，然后将前侧片起始点圆顺连接至腰省左端点，完成前侧片分割线。

（7）合并侧缝省至分割线中。首先需要添加辅助线，做法是过BP点水平引直线至前分割线，然后转移省道至分割线中。

花瓶领合体女装分片图见图5-29。袖子结构制图应采用合体一片袖制图方法，详细制图过程略。

第八节 较合体宽腰包臀 T 型女上衣结构设计研究

一、款式分析

如图 5-30 所示，较合体宽腰包臀 T 型女上衣整体造型上宽下窄，呈 T 型；肩部抽自然碎褶，袖型较为合体，带袖克夫，普通开衩，袖口带褶；胸围较合体，臀部紧窄合体，腰围较宽松；前片设计腰省，省量偏小，主要目的是形成"前紧后松"的着装效果；衣长稍长，能包裹住臀围；领型为普通的翻立领，翻领与立领分裁。

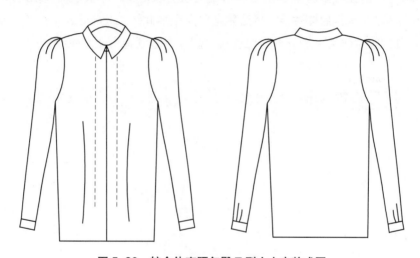

图 5-30 较合体宽腰包臀 T 型女上衣款式图

二、规格设计

以 160/84A 为号型依据进行较合体宽腰包臀 T 型女上衣结构设计。各部位尺寸规格如表 5-8 所示。

表 5-8 较合体宽腰包臀 T 型女上衣规格表
单位：cm

项目	胸围	腰围	臀围	领围	衣长	袖长	袖口围	肩宽	腰高
尺寸	96	88.5	88	38	64	55	22	39	18

三、结构制图原理研究

1.衣身结构制图

（1）取一水平线作为上平线，自右端取竖直线作为前中线（图 5-31）。

（2）画袖窿深线。自上平线竖直向下取 $2B/10+3.5=22.7$cm，画水平线即为袖窿深线。

（3）取胸围。自袖窿深线右侧向左量取 $B/2=48$cm。然后过左端点画后中线。

（4）画前领窝弧线。取前领窝宽 $2N/10-0.5=7.1$cm，前领窝深 $2N/10+0.6=8.2$cm，以此画长方形，连接对角线并三等分，过下端第一等分点圆顺画出前领窝弧线。

（5）取胸宽。在袖窿深线上取 $2B/10-2.4=16.8$cm，即为胸宽数值，作胸宽线。

（6）画前肩线。首先自前侧颈点以 22° 肩角画肩线，然后垂直于胸宽线向肩斜线方向取前冲肩量 2.5cm，交点即为前肩点。量取前肩线长记为"□"。

（7）取衣长。自后中线顶点向下取衣长 64cm。

（8）画后领窝弧线。自上平线与后中线交点上取 1.5cm 作水平线，在此线上取后领窝宽 $2N/10-0.3=7.3$cm 得后侧颈点，且后领窝深点距离此线 2.4cm 处，作水平线段 7.3cm，三等分此线段，以左侧第一等分点为切点，自侧颈点圆顺画出领窝弧线。

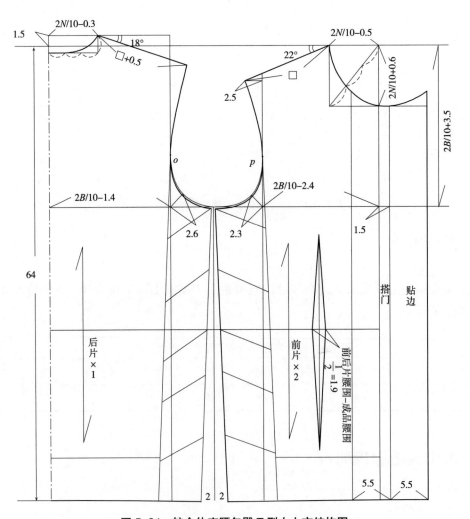

图 5-31 较合体宽腰包臀 T 型女上衣结构图

（9）画后肩线。首先自侧颈点以 18° 肩斜画后肩线，且取后肩线长 = □ +0.5cm，得后肩点。

（10）取后背宽。取后背宽 2B/10–1.4=17.8cm，画后背宽线。

（11）画袖窿弧线。在前袖窿处角平分线上取线段长 2.3cm 得一标记点，后袖窿直角的角平分线上取线段长 2.6cm 得一标记点，然后分别连接此两个标记点和前、后肩点，并以前、后片分界点为切点圆顺画出袖窿弧线。

（12）旋转腋下片，形成上宽下窄造型。背宽线与袖窿弧线切点记为点"o"，胸宽线与袖窿弧线切点记为点"p"，过点 o 和点 p，作竖直线交于下平线。然后将此线至侧缝线的腋下部分衣片旋转，至偏移侧缝下端点 2cm 处，修顺底摆线。

（13）画前腰省。过 BP 点作竖直线，即为省中线。其中，腰围以上取长 13cm，腰围以下取长 17cm。计算前片省大：结构图中，（前片腰围 + 后片腰围 – 成品腰围）= 前腰省大 =1.9cm，然后取省大 1.9cm，画出菱形省直线即可。

（14）画门襟和贴边。取搭门 1.5cm，然后以搭门线为对称轴画出前门襟贴边形状。

（15）量取并记录前 AH=22.8cm，后 AH=23.7cm，前领窝弧长 =12cm，后领窝弧长 =8.1cm。

2. 衣袖结构制图

（1）作竖直线，长为袖长减去 6cm 的袖克夫宽，上端点即为袖山顶点。自袖山顶点向下取袖山高 AH/3=15.5cm，画落山线（图 5–32）。

（2）取前袖山斜线 = 前 AH，后袖山斜线 = 后 AH+1，然后分别四等分前袖山斜线、三等分后袖山斜线，前袖山斜线上取凸点 1.8cm、凹点 1.3cm，交点为中点下移 1cm；后袖山斜线上取凸点 1.5cm、凹点 0.7cm，然后圆顺连接以上转折点和袖山顶点，得袖山弧线。

（3）画袖肘线。袖肘线的画法与原型一片袖方法相同。平分落山线与袖中线交点以上 3cm 以下的袖中线，中点上移 1.5cm 画水平线即为袖肘线。

（4）取袖口围、画袖缝线。自袖中线底端取袖口围 +4（褶量）+2.8（省量）= 28.8cm。其中水平向前袖取长 13.5cm，向右取长 15.3cm。画出袖缝直线。

（5）作省、抽褶或分割。自袖中线向两侧取 2.8/2=1.4cm，画出圆顺的省线或者分割线。根据款式需要，袖中部位可以设计分割线，也可以设计省道，目的是均匀分配袖肥与袖口围之差。也可不采用省道或分割的形式，直接将袖口余量缩缝形成自然碎褶。

（6）袖山打开形成褶量。如图 5–32（b）所示，自袖山顶点向下 10cm 作水平分割线，然后旋转前、后袖山，使分割线的延长线与袖中线交点距离分割线 5cm，然后圆顺画出袖山弧线完成。

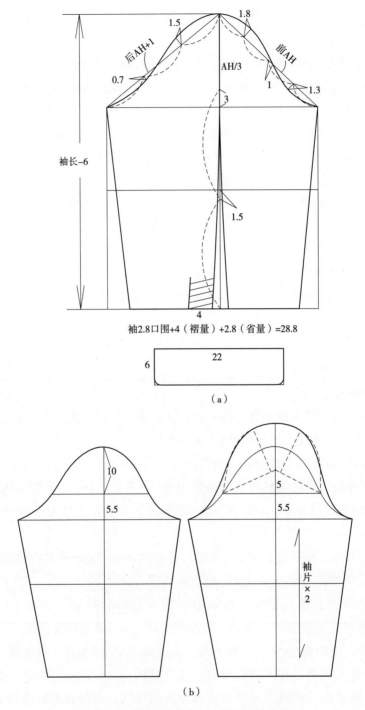

袖长-6

后AH+1

前AH

1.5

1.8

0.7

AH/3

1

1.3

3

1.5

4

袖2.8口围+4（褶量）+2.8（省量）=28.8

6   22

（a）

10

5

5.5

5.5

袖片×2

（b）

图5-32　较合体宽腰包臀T型女装衣袖结构图

3. 衣领结构制图

（1）画领后中线。长度自下而上依次取3cm的领座宽、3.8cm的领上口线与翻领下边线距离、4cm翻领宽（图5-33）。

（2）画领下口线。垂直于后领中线依次取衣身后领围=8.1cm、前领围=12cm。以

后领围端点为圆心、以前领围大为半
径画弧，然后自前领围端点向圆弧取
弦长 2.5cm，2.5cm 为领下口线起翘，
然后圆顺画出领下口线，并取搭门
1.5cm，搭门可直角，也可修成圆角。

（3）作领上口线。过领座宽上端
点以偏小于领下口线的弧度画出领上
口线。

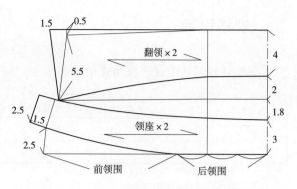

图 5-33 较合体宽腰包臀 T 型女装衣领结构图

（4）作翻领。搭门线上端点右取
0.5cm 得点，然后将此点圆顺连接至翻
领宽下端点，得翻领下边线。过翻领宽上端点作水平线，自翻领下边线端点向此水平线做
线段，使其长度为 5.5cm，然后自交点竖直上取 0.5cm 得点，将此点与翻领宽上端点直线连
接并延长 1.5cm，得翻领领尖点和领外轮廓线，然后将翻领尖点直线连接至翻领下边线端点。

第九节 立领开衩无袖中式连衣裙结构设计研究

一、款式分析

立领开衩无袖中式连衣裙整体风格偏中式，上下结构；上身胸围偏合体、腰围宽松，
呈 H 造型；下身 A 型，腰围以下开衩，搭配裤子或者底裙穿着；领型为小立领设计，领
围较为合体；前后衣身与袖窿分割线呈对称设计。侧缝设计拉链；下身腰际设计抽褶；
前衣身设计对称的假斜开襟，以扣装饰（图 5-34）。

图 5-34 立领开衩无袖中式连衣裙款式图

二、规格设计

立领开衩无袖中式连衣裙规格见表 5-9。

表 5-9　立领开衩无袖中式连衣裙规格表　　　　　　　　　单位：cm

项目	胸围	腰围	背长	肩宽	衣长
尺寸	98	91	38	36.5	108

三、结构制图原理研究

原型采用箱型原型（图 5-35）。

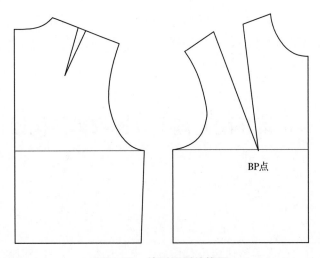

图 5-35　箱型原型结构图

1. 设计分割线并转省

（1）后片分割线起点取后袖窿中点，前分割起点距离肩点 11cm 处。分割线于腰间所包含省道的位置如图 5-36 所示，后腰中点左取省大 1.5cm，前腰中点向右偏移 1.7cm，取省大 1.5cm，然后圆顺画出前、后片袖窿分割线。

（2）省道转移的基本原理是原省和新省共同经过同一个省尖点。而这里前、后片均不符合，采用的方法是省尖点移位法，将后片肩胛省和前胸省的省尖点移到前、后片的分割线上，省大保持不变，然后进行省道转移即可。

2. 基本轮廓设计

（1）取衣长 108cm（图 5-37）。

（2）前、后衣身侧缝摆出 4cm 的量。然后将摆角修正呈直角。画出圆顺的底摆弧线。

（3）设计裙装分割线。分别三等分前、后腰线，过等分点画竖直线交至底摆。

（4）设计前上身分割线。自前颈点始至袖窿深点止，圆顺、美观地画出前斜襟开口线（图 5-38）。

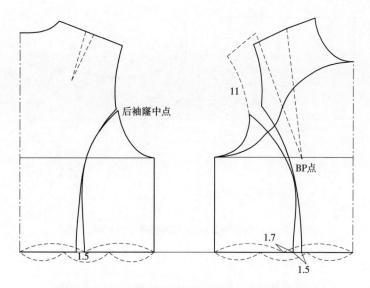

图 5-36　立领开衩无袖中式连衣裙设计分割线并转省

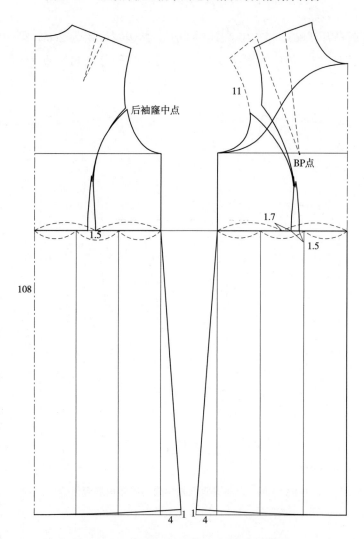

图 5-37　立领开衩无袖中式连衣裙结构图

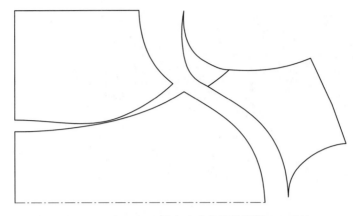

图 5-38　立领开衩无袖中式连衣裙前斜襟开口设计

3. 变化裙身

（1）将裙身按照分割线剪切拉展出适合的量，如 5cm。

（2）修顺底摆弧线。

（3）设计裙身开衩贴边和扣位（图 5-39）。贴边宽度定为 2cm，第一粒扣位位于腰以下 6cm 处，第四粒位于前中线底端以上 18cm 处，三等分之间的部分，即可得其他两粒扣位。

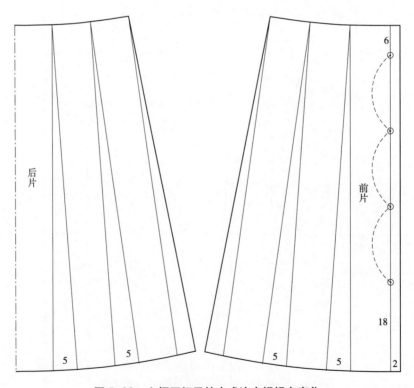

图 5-39　立领开衩无袖中式连衣裙裙身变化

第十节　短款翻领休闲小外套结构设计研究

一、款式分析

　　短款翻领休闲小外套整体风格休闲舒适，款式简单又具有设计感，后开衩的设计是整件服装的亮点。本款服装适合搭配紧身裤和中长款靴子，有增加身高的视觉效果。其领型为小翻领设计，领围较宽松；前、后衣身同时设计横向分割线，前衣身分割线处设计宝剑头袋盖装饰，后衣身分割线以下开衩，同时设计暗扣装饰。为了做出底摆的合体造型，在前、后衣身底摆处分别对称设计一个 6cm 的对褶。前门襟宽 3cm，叠门 1.5cm，后开衩处叠门 1cm（图 5-40）。

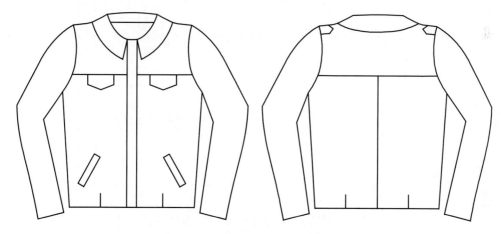

图 5-40　短款翻领休闲小外套款式图

二、规格设计

　　短款翻领休闲小外套整体胸围较宽松，腰围与胸围一致，下摆围较合体，以 160/84A 为号型标准的尺寸规格如表 5-10 所示。

表 5-10　短款翻领休闲小外套规格表　　　　　　　　　单位：cm

项目	胸围	腰围	下摆围	衣长	袖长	袖口围	肩宽
尺寸	102	102	78	56	54	29	36

三、结构设计过程研究

1.衣身结构设计研究

（1）取上平线（图 5-41）。

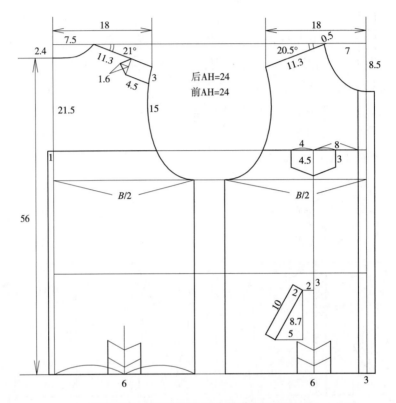

图 5-41　短款翻领休闲小外套衣身结构图

（2）画前领窝和前肩线。相关尺寸：前领窝宽 7cm，前领窝深 8.5cm，前肩倾斜角 20.5°，侧颈点开大 0.5cm，前肩线长 11.3cm，前肩宽 18cm。

（3）画后领窝和后肩线。相关尺寸：后领窝宽 7.5cm，后领窝深 2.4cm，后肩斜角 21°，后肩宽 18cm，后肩线长 = 前肩线长 =11.3cm。

（4）画袖窿深线。自后颈点竖直向下取 21.5cm 画水平线即为袖窿深线。

（5）取衣长。自后颈点下取 56cm 得衣长。

（6）取胸围。前胸围 = 后胸围 = 胸围 /2=51cm。画出侧缝直线。

（7）作袖窿弧线。前、后肩点圆顺连接至前、后袖窿深点得袖窿弧线。

（8）作前、后分割线。自后肩点沿后袖窿弧线取 15cm 作水平线，交至后中线，并延长 1cm 作为后开衩叠门量。前片分割线与后片分割线位于同一水平线上。

（9）作前门襟。以前中线为中心，左右各取 1.5cm 得 3cm 的门襟，其中叠门量 1.5cm。注意，前中线右侧的 1.5cm 上端为水平引出。

（10）作袋盖、肩章和下摆对褶。肩章的宽度是自后肩点沿着袖窿取 3cm，长边长

4.5cm，平行于肩线，三角部分高1.6cm。前胸袋盖是自门襟里边线左取8cm，然后左右对称取4cm的宽、向下3cm高，三角高1.5cm。然后将此带盖的中线向下延长，至底摆，其与底摆的交点左右各取3cm得下摆对褶，其与腰线交点向下取3cm，再向左取2cm为衣身斜插袋盖的起始点，然后竖直8.7cm、再左取5cm得点，与起始点直线连接，并作出宽为2cm的长方形袋盖。后片下摆对褶位于后底摆中间位置，褶量为6cm。

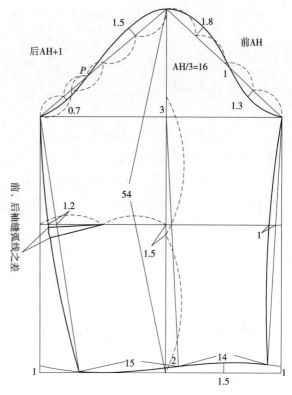

图5-42　短款翻领休闲小外套衣袖结构图

2. 衣袖结构设计研究

（1）首先从衣身结构图中量取前AH=24cm、后AH=24cm，总AH=48cm（图5-42）。

（2）取竖直线长54cm，为袖中线。

（3）自袖山顶点下取AH/3=16cm作为袖山高，作落山线。

（4）作袖山斜线。自袖山顶点向落山线右侧取前袖山斜线，长为前AH，向落山线左侧取后袖山斜线，长为后AH+1cm。

（5）作袖山弧线。四等分前袖山斜线，第一等分点取垂直凸起1.8cm，中点下移1cm作为转折点，第三等分点凹进1.3cm，得三个标记点。然后四等分后袖山斜线，上端第一等分点垂直凸起1.5cm，第三等份平分得点P，为弧线与直线的交点即转折点，点P以下的斜线两等分，于中点处作垂直凹进0.7cm，将以上所述标记点与袖山顶点和两个袖山端点用圆顺弧线连接，得袖山弧线。

（6）取袖肘线。袖肘线的画法与原型一片袖相同。

（7）画袖摆线。按照合体一片袖的画法作出袖口弧线。即两端袖缝均上抬1cm，前袖口中间上抬1.5cm，圆顺画出袖口线。然后将袖中线沿着袖口线向前袖偏移2cm。自此点向前袖口弧线取值14cm，同时向后袖口线取值15cm，得袖口围。

（8）画袖缝弧线。先直线画出袖缝线，前袖缝向里凹进1cm画出圆顺的前袖缝弧线，后袖缝向外凸出1.2cm，然后圆顺画出后袖缝弧线。

（9）作袖肘省。测量前、后袖缝弧线之差，差值即为袖肘省省大。省尖位于后袖肥中点，过省尖点垂直于后袖缝弧线作出省中线，然后平均分配省量于省中线两端，得袖肘省。

第十一节　平驳头合体女西装结构设计研究

一、款式分析

此款平驳头合体女西装的特点是平驳领，领位偏高；前后衣身设计对称的袖窿分割线；下摆略呈外扩（图5-43）。

实验证明，翻领宽与领座宽的差值越大，倒伏量越大，驳点位置越高，倒伏量也会越大。驳点位置以腰线位置为准，此处位置升高，在袖窿深线上，因此领底倒伏量增加。领座宽2.5cm，翻领宽偏大，取值4.5cm，翻领宽与领座宽增大，也会使倒伏量增加。

袖型为西装标配的合体两片袖结构，袖肥较小，袖子合体。

图5-43　平驳头合体女西装款式图

二、规格设计

平驳头合体女西装规格见表5-11。

表 5-11　平驳头合体女西装规格表　　　　单位：cm

项目	号型	衣长	胸围	腰围	背长	肩宽	领座宽	翻领宽	袖长
尺寸	160/84A	62	90	73	38	39	2.5	4.5	56

三、结构设计过程研究

1.后衣身结构制图分析

（1）取上平线。

（2）取前、后胸围。成品胸围90cm，考虑到制图过程中分割线的设计会使胸围量有所损失，因此制图时胸围取值略偏大，如胸围可取92cm。半身制图中，前胸围取22cm，后胸围取24cm（图5-44）。

（3）袖窿深取值21.5cm，作袖窿深线。背长38cm作腰围线。

（4）作后领窝弧线。自上平线右取后领窝宽7.7cm，上取后领窝高2.4cm，圆顺画出后领窝弧线。自后颈点取衣长62cm，作下摆直线。测量得后领窝弧长=8.34cm。

（5）作后肩线。按照后肩斜角比例 15：5.5 作后肩线，根据背宽38cm 来定出后肩点，得后肩线，测量得后肩长 =12.4cm。

（6）作后袖窿弧线。首先在袖窿深线上取值 17.5cm 作为后背宽，画出背宽线。过肩点、后背宽横线的端点和袖窿深点，以合理的弧度圆顺作弧线，即为后袖窿弧线。测量得后 AH=22.8cm。

（7）计算和分配胸腰差。胸围实际取值 92cm，腰围 73cm，胸腰差为 19cm，因此在半身制图中，需要收去的腰省量为 9.5cm。一般情况下，单个腰省省大不超过 3cm 为宜，前片或后片侧缝收去量（实质为侧缝省的一半）一般取值 1.5cm 以内。因此，可设计前腰省大 3cm，前、后侧缝收取量均为 1.5cm，后腰省省大 2cm，后中缝缩量 1.5cm。

（8）作后中缝弧线。以后背宽横线的后端点为切点，经过后中线于腰围处收缩 1.5cm 的点，圆顺作出后中缝弧线。

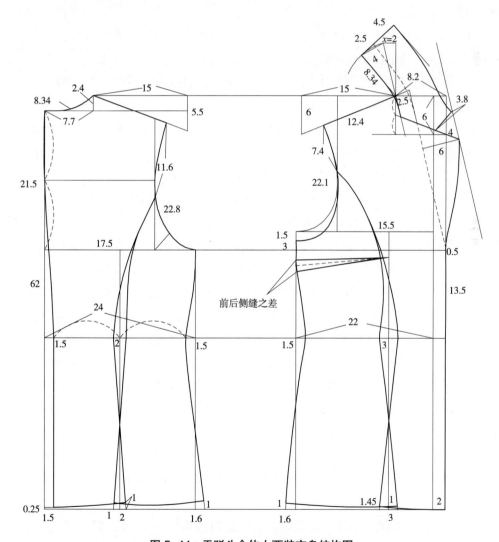

图 5-44　平驳头合体女西装衣身结构图

（9）作后侧缝弧线。后侧缝于底摆处外扩 1.6cm 左右，自袖窿深点经过腰围端点，圆顺作出后侧缝弧线。

（10）作后袖窿分割线。自肩点沿袖窿弧线取值 11.6cm，得分割线起始点。平分后腰围，过中点作省中线，向下交于底摆直线。于腰线上取省大 2cm，平分在省中线左右两侧。过分割起始点，分别经过省大两端点，以自然合理的弧度作出两条分割线，注意下端摆出 1cm 的量，以作出下摆略外扩的造型。注意，摆角需要修正呈直角状态。

2. 前衣身结构制图分析

（1）取前领窝尺寸。首先取前领窝宽 6.2cm，前领窝深 6cm，以此为边线作矩形。

（2）作前肩线。按照前肩斜角比例 15：6 作前肩线，取前肩线长 = 后肩线长 = 12.4cm。

（3）作前袖窿深线并取前胸宽。前袖窿深比后袖窿深高 3cm，画出前袖窿深线。取前胸宽 15.5cm，作出前胸宽线。

（4）作前袖窿弧线。先将前袖窿挖深 1.5cm，然后自前肩点垂直肩线引出自然、圆顺的前袖窿弧线。测量得前 AH=22.1cm。

（5）作侧缝弧线。前侧缝于底摆处外扩 1.6cm，自袖窿深点经过腰围端点，圆顺作出前侧缝弧线。

（6）作腋下省。量取前、后侧缝弧线之差，作为前腋下省的省大，注意修正省线，使得两条省线等长，省尖点缩短 1.4cm 左右。

（7）作前袖窿分割线。自肩点沿袖窿弧线取值 7.4cm，得分割线起始点。过 BP 点作省中线，向下交于底摆直线。于腰线上取省大 3cm，平分在省中线左右两侧。过分割起始点，分别经过省大两端点，以自然、合理的弧度作出两条分割线，注意下端摆出 1.6cm 的量，以作出下摆略外扩的造型。注意摆角需要修正呈直角状态。

（8）作驳领。首先取门襟 2cm，延长后袖窿深线至前门襟止口线，得驳点。过前领窝深的中点，直线连接至前门襟止口线与前领窝深线的交点，并延长至一点得串口线，使此点到驳折线的垂直距离等于 6cm，即驳领宽度。以合理、圆顺的弧线连接至驳点得驳领外轮廓线。

（9）作翻领。首先取领缺嘴宽 4cm，取领缺嘴高 3.8cm，使之与串口线形成 70° 左右的夹角。自侧颈点沿肩线方向延长 2.5cm，过侧颈点作驳折线的平行线，并取一线段长等于后领窝弧长 =8.34cm，得领底直线。同时过侧颈点向上作竖直线，使之与前述平行线等高，并测量两直线上端点间的水平距离 $x=2$cm。

（10）计算倒伏量。倒伏量计算公式为 $x+a$，其中 x 代表领底直线上端点到过侧颈点的竖直线之间的水平距离，a 表示翻领与领座的宽度之差。这里 $x=2$cm，而翻领宽与领座宽之差也是 2cm，故倒伏量应为 4cm。

（11）作领底倒伏。以侧颈点为圆心、以后领窝弧长为半径画圆弧，然后自领底直线上端点向圆弧取弦长 =4cm，圆顺画出领底弧线。

（12）作领后中线和领外轮廓线。垂直领底弧线上端点，依次取领座 2.5cm、翻领宽 4.5cm。然后圆顺连接至领缺嘴高点，得领外轮廓线。

3. 衣袖结构制图分析（图5-45）

（1）袖山高的确定方法。连接前、后肩点并平分，过中点作竖直线向下交于袖窿深线，得线段即为平均袖窿深线。六等分平均袖窿深线，自下而上取 5/6 份作水平线，此水平线至袖窿深线（即袖子的落山线）之间的距离即为合体两片袖的袖山高。

（2）袖山弧线的画法。取一点作为袖山顶点。自袖山顶点向落山线左右两侧分别取后 AH+1cm、前 AH+1cm，作出后袖山斜线和前袖山斜线。分别四等分前、后袖山斜线，找出前、后袖山斜线的凹凸点，圆顺连接即作出前、后袖山弧线。

前袖山弧线的凸点距离前袖山斜线 2cm，凹点距离前袖山斜线 1.6cm，转折点即为前袖山斜线的中点。后袖山斜线的凸点距离后袖山斜线 2cm，凹点距离应袖山斜线 1cm。

（3）于落山线上分别平分左、右袖肥得两个中点 a、b，过此两点作铅直线交于原袖山弧线和袖摆线，交点为 g、h、i、j。

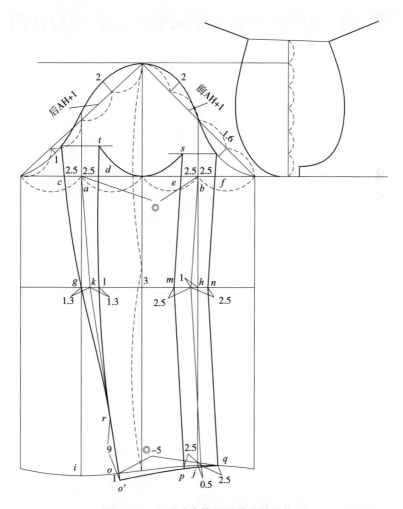

图 5-45　平驳头合体女西装衣袖结构图

（4）取内、外袖缝标记点。分别自 a、b 两点向左、右取 2.5cm 得点 c、d、e、f，自 g 点向右取两次 1.3cm 得点 k、l，于 h 点向左 1cm 取点，而后于 1cm 处向左、右分别取 2.5cm，得点 m、n；于 j 点处向右量取 0.5cm 得点，而后于此点沿着袖摆弧线取（袖肥 /2−5）= ◎ −5 得点 o。于 j 点向右取 3cm、向左取 2cm 得点 q、p。

（5）作袖口弧线。直线连接 ko 并延长 1cm 得点 o'，直线连接 ak、ko'，连接 pm、qn，nf 延长至与新袖山弧线相交，于交点处作水平线，连接 me 并延长与水平线相交于点 s。

（6）作内袖缝弧线。自 o' 沿着 $o'\,k$ 方向取 9cm 作为标记点 r，将点 c、g、r 用圆顺弧线连接，并以 r 为弧线与直线的切点，后沿着弧线向上延长交袖山弧线，并于交点处作水平线；过点 d、l、r 并以 r 为切点作圆顺弧线，向上延长至与前面的水平线交于点 t。

（7）分别过点 s、t 和前、后袖片分界点作圆顺的凹形曲线得小袖窿弧线，将 $o'\,q$ 用平滑、圆顺的弧线连接成为袖口曲线。

第十二节　时尚装饰领合体女西装结构设计研究

图 5-46　时尚装饰领合体女西装款式图

一、款式分析

时尚装饰领合体女西装领窝处无领，领窝开口较大，前胸绕至后背设计装饰性平驳领；袖身下部为喇叭袖结构，袖长属于九分袖；风格修身；前、后片腰围处设计适当的腰省，左右对称；前中止口为拉链设计；装饰性驳领前部在衣身分割线处缝合，位于后衣身的部分敞开不缝合（图 5-46）。

二、规格设计

时尚装饰领合体女西装的规格见表 5-12。

单位：cm

表 5-12　时尚装饰领合体女西装规格表

项目	衣长	胸围	腰围	背长	肩宽	袖长	前胸宽	后背宽
尺寸	53	90	76	38	36	50	16.6	17.2

三、结构设计方法研究

1. 后衣身结构制图研究

前面分析过，带分割线的合体女装，由于分割线的设计会使胸围量有所损失，故实际制图时最初的胸围尺寸设计应比成品尺寸稍大，以弥补分割带来的损失，避免造成胸围紧窄不适的情况出现。因此，成品胸围 90cm 的制图初尺寸设定为 92cm 较为合适。

（1）作上平线。取后领窝宽 10.5cm，后领窝深 1.7cm，圆顺作出后领窝弧线（图 5-47）。

（2）作后肩线。取后肩宽 18cm，后下落 2.8cm 定出后肩点，使侧颈点至后肩点之间的肩线长为 8cm。

（3）作袖窿深线与底摆直线。自后颈点取 21cm 作袖窿深线，取 38cm 作腰围线，腰围以下取 15cm 作底摆直线。

（4）作背宽线。于袖窿深线上取后胸围 23cm，作侧缝直线至底摆。取后背宽 17.2cm 作背宽线。

（5）以背宽横线的右端点为切点，圆顺连接肩点至袖窿深点，得后袖窿弧线。

（6）作后中曲线。后中线破缝处理，后中腰围处收进 1cm 为宜，然后以背宽横线端点为切点圆顺画出后中曲线。

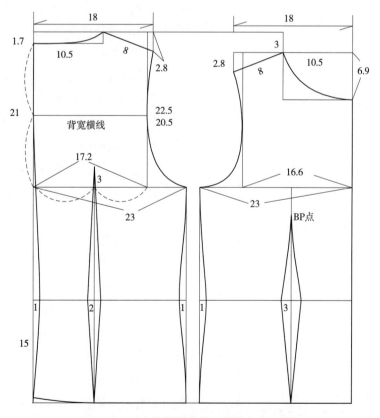

图 5-47 时尚装饰领合体女西装衣身结构图

（7）作后侧缝弧线。侧缝处内收 1cm，依据人体轮廓圆顺作出后侧缝弧线。

（8）设计后腰省。省位于后背宽中间，省大为 2cm，省尖点位于袖窿深线以上 3cm。

2. 前衣身结构制图研究

（1）前上平线比后片低落 3cm。取前领窝宽 10.5cm，前领窝深 6.9cm，圆顺作出前领窝弧线。

（2）取前片肩宽 18cm，然后于相应位置自前片上平线下落约 2.8cm 得肩点，使前侧颈点至前肩点之间的肩线长为 8cm。

（3）于袖窿深线上取前胸围 23cm，作侧缝直线至底摆。取前胸宽 16.6cm 作胸宽线。

（4）圆顺连接肩点至袖窿深点，得前袖窿弧线。

（5）作前侧缝弧线。侧缝处内收 1cm，依据人体轮廓圆顺作出前侧缝弧线。

（6）设计前腰省。过 BP 点作省中线，省大为 3cm，省道位于腰围线以上部分修改为弧线，以下为直线。

3. 衣领结构设计方法研究

首先，根据款式需要，在前片上设计装饰领分割线，将前片分为上、下两片，在组合缝制时，将提前缝制好的平驳领夹在中间层一起缝制即可（图 5-48）。

（1）驳领长度的分析。由于驳领与前衣身缝合，故驳领前部根据衣身分割线长度和位置确定即可。而驳领后部需要绕过整个后衣身，故后部长度至少为后背宽的大小，即 17.2×2=34.4cm。考虑到人体后背部的活动需要，后部驳领长度还应适当增加放松量，这里半身制图放松量设为 0.3cm。另外，还应考虑驳领所绕过肩部的厚度，因此，图 5-48 装饰领结构制图中，驳领后部长度是自距离肩点 2.5cm 处的点开始取值的，而不是自肩点取值。这是需要重点理解和细心设计的关键之处。

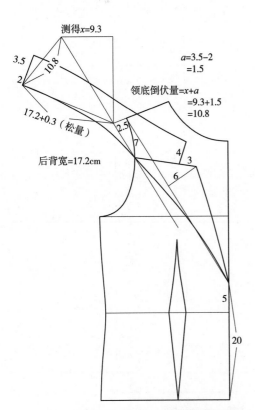

（2）在前中线自下而上取 20cm，作为驳点。直线连接肩点至驳点，得驳折线。

（3）延长肩线 2.5cm，作驳折线的平行线并上取 17.5cm 得领底直线。

（4）测量领底直线与竖直线间的水平距离，记为 x=9.3cm。然后作领底倒伏，并取倒伏量 10.8cm，得领底斜线，倒伏量的计算如图所示。然后经过肩线以下 7cm 处圆顺画出领底弧线。

图 5-48　时尚装饰领合体女西装衣领结构图

（5）垂直领底弧线依次取领座 2cm、翻领宽 3.5cm。

（6）作驳领。垂直于驳折线定 6cm 的驳领宽，并以合理、美观的方向画出串口线和驳领外轮廓线。取领缺嘴宽 3cm，领缺嘴高 4cm。

（7）平缓、圆顺地作出翻领外轮廓线。完成装饰性驳领结构设计。

4. 衣袖结构设计方法分析

（1）关于袖山高取值。这里袖山高仍然采用 AH/3 来定。我们知道，原型一片袖的袖山高 AH/3 虽为中性结构，但实际上接近合体袖型，正好符合这里的袖型特点：袖山较为合体，袖身分割线以上较合体，下部分宽松呈 A 字形（图 5-49）。

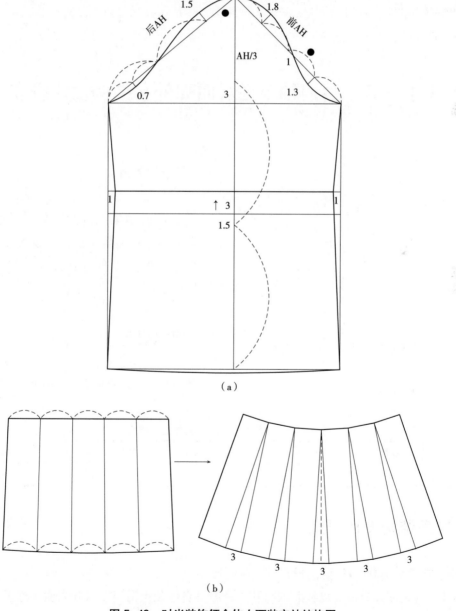

（a）

（b）

图 5-49　时尚装饰领合体女西装衣袖结构图

（2）关于袖肘线位置。这里袖长稍短，且袖子上下分割，下袖剪切拉展呈 A 字形，如果按照普通袖肘线位置进行分割，会造成五五分的效果，显得臂部粗短，因此，适当提高袖肘线的位置可以起到拉长手臂的效果。本款衣袖将袖肘线提高了 3cm。

（3）袖口弧线的弧度。袖侧缝线于分割线处内收 1cm，导致袖缝线倾斜，袖口线应与袖缝线垂直。因此，袖口弧线两端是以垂直于袖缝线的角度引出，再圆顺连接呈自然、圆顺的袖摆线。

（4）袖子分割线以下部分拉展量的设计。设计原理是剪切拉展，一般对于立体性较强的造型，剪切线的设计应均匀且密实，剪切线数量越多，分割形成的造型立体感越强，一般根据款式造型需要和设计者的理解来定。这里设计了 5 条分割线，每条分割线拉展形成 3cm 的褶量。

第十三节　落肩袖羊毛双面呢外套结构设计研究

图 5-50　落肩袖羊毛双面呢外套款式图

一、款式分析

本款落肩袖羊毛双面呢外套的款式特点：落肩型，袖型较宽松，平驳领，多为短款，单排门襟三粒扣，前胸设计带袋盖的贴袋（图 5-50）。

二、规格设计

落肩袖羊毛双面呢外套的规格见表 5-13。

表 5-13　落肩袖羊毛双面呢外套规格表　　　　　　　　单位：cm

部位	衣长	胸围	腰围	背长	袖长	肩宽	袖口围
尺寸	59	100	94	38	52	50	25

三、衣身结构设计研究

关于衣身结构制图的几点分析（图 5-51）。

（1）后领窝开大值。以往后领窝开大一般是自侧颈点沿肩线取开大值，这里采用的方法是，自侧颈点沿着水平线取开大值 1cm。因为考虑到整体风格较为宽松，因此侧颈点开大但高度不变，相当于给侧颈点处增加了适当的放松量。

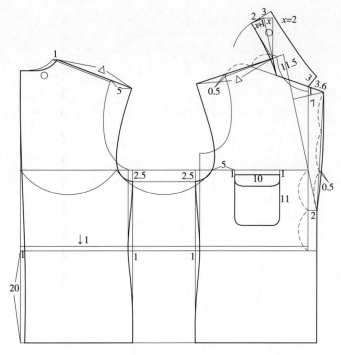

图 5-51　落肩袖羊毛双面呢外套衣身结构图

（2）落肩袖的落肩量。落肩量根据款式需要而定，也不可无限增加，这里结合成衣肩宽 50cm，确定了落肩量大约为 5cm 的取值较为合理。后肩长确定后，前肩长依据后肩长而定。

（3）关于腰线下调。一般情况下，越合体的服装越倾向于提高腰线，以拉长下身比例，而宽松服装收腰不明显，降低腰线更加灵活、舒适。

（4）关于倒伏量的计算。仍然采用公式 $x+a$，x 经测量为 2cm，a 是翻领宽与领座宽的差值，此款翻立领较为小巧，领座宽取 2cm，翻领宽取 3cm，因此差值为 1cm，故倒伏量为 3cm。

（5）袖窿开深量的设计。袖型与衣身相匹配，袖子当然也是较宽松款式，因此，袖窿必然挖深，挖深量不宜过大，这里为保证袖窿弧长控制在 46cm 左右，选择挖深 2.5cm 左右较为合理。

四、衣袖结构设计研究

衣袖结构设计过程较简单，为后片分割两片式较宽松袖，结构设计过程如图 5-52 所示。袖山高为 12cm，袖肥为 39.8cm。

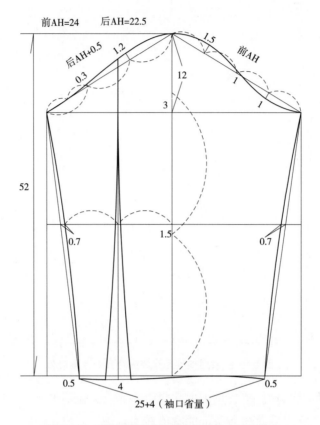

图 5-52　落肩袖羊毛双面呢外套衣袖结构图

第六章 男装结构设计方法分析

第一节 男装标准基本纸样的绘制方法

一、第三代升级版男装原型的研究基础

绘制方法共三代，其中第三代升级版是在第一代、第二代和第三代的基础上不断修正完成的，因此它具有与时俱进的特点。

以下三代基本纸样的绘制均以 170/92A 为号型标准进行。

二、第三代升级版男装原型的应用

1. 规格尺寸

L=170cm；BL=43.5cm；B^*=92cm；W^*=78cm。

2. 制图步骤

（1）作 BL=43.5cm 为高、$B^*/2+10$=56cm 为宽的长方形（图 6-1）。

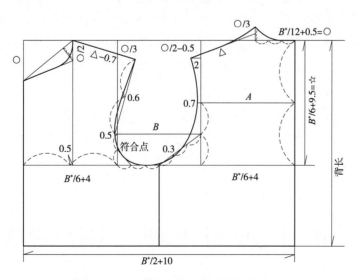

图 6-1 第三代升级版男装标准基本纸样

（2）作袖窿深线。自上而下取 $B^*/6+9.5 \approx 24.8$cm 得点，并作水平线。

（3）作胸宽线和背宽线。自袖窿深线上分别取 $B^*/6+4 \approx 19.3$cm、$B^*/6+4 \approx 19.3$cm 得

两点并作铅直线，方向向上交于辅助线。

（4）作后领口曲线。自后中顶点水平取长 $B^*/12+0.5 \approx 8.17cm$（记为○）得后领口宽，并向上取后领口高○ $/3 \approx 2.7cm$ 得后侧颈点。三等分后领口宽，将后侧颈点先与左一等分点直线连接，后用圆顺曲线将其连接至后中顶点。

（5）作后肩线。自背宽线顶点下取○ $/2-0.5 \approx 3.6cm$、再左取 2cm 得后肩点，二等分后领口高并将中点直线连接至后肩点，测得所得直线长记为△ $=13.68cm$，二等分此直线得中点，作为后侧颈点圆顺连接至后肩点所得曲线与直线的切点。

（6）作前领口曲线。自前中线顶点下取○ $=8.17cm$ 为前领口深点；自胸宽中点偏右 0.5cm 向上作垂线交于辅助线得前侧颈点，并自此点直线连接至前领口深点；自上述垂线顶点下取○ $/2 \approx 4.08cm$，所得点直线连接至前领口深点，并自此点向前一直线作垂线段，再三等分此垂线段得两个等分点，下端等分点作为前侧颈点与前领口深点，圆顺连接各点。

（7）作前肩线。自胸宽线顶点下取○ $/3 \approx 2.72cm$ 得点，自前侧颈点向此点直线连接并延长，使前肩直线长度等于△ $-0.7=12.98cm$ 得前肩点，过前侧颈点和前肩点作圆顺曲线得前肩线。

（8）作前、后分界线。平分腰辅助线，并作其垂线段交于袖窿深线。

（9）作前、后袖窿曲线。关键是确定除前、后肩点之外的其他标记点。

①取后中顶点至袖窿深线之间长度的中点，并向左作水平线至长出背宽线 0.7cm 止得点。

②平分 A 中水平线以下背宽线，于中点向前片方向作水平线至长出胸宽线 0.5cm 止得点。

③将 B 中所述中点（A 中水平线以下背宽线中点）直线连接至前后片分界线顶点，然后于此直线下端约三分之一处作下凹量 0.3cm 得点。

④直线连接前肩点与 B 中所得标记点，并于约中点处作内凹量 0.6cm 得点。

⑤将 B 中所述直线（胸宽线与背宽线上的水平连接线）以下的胸宽线部分平分，同时三等分胸宽线至前、后分界线之间的袖窿深线，将其左一等分点直线连接至前述中点，自此处直角向此直线作垂线，垂足作为切点。

⑥将上述标记点与前、后肩点用圆顺的曲线连接得袖窿曲线。

（10）确定前符合点。平分前胸宽线与前袖窿弧线交点所在的钝角，交至袖窿弧线一点，即为前符合点。

第二节　男装原型的应用——衬衫结构设计

一、款式分析

男式衬衫可内穿也可外穿，其中内穿衬衫包括普通衬衫和礼服衬衫两种，和西装、

图 6-2　男式衬衫款式图

裤子有严格搭配关系（图 6-2）。传统男士衬衫是指能和普通西装、运动西装、黑色套装、礼服等任何套装组合穿用的内衣化衬衫。

具体款式特点分析：

（1）领型。衬衫领。

（2）门襟。单排搭门，六粒扣。

（3）分割线。前、后肩有育克（过肩）。

（4）褶裥。后育克处有明裥。

（5）底摆。后长前短的圆弧形下摆。

（6）口袋。左前胸有明贴袋。

（7）袖子。有袖头及宝剑形袖衩。

二、结构制图

1. 规格尺寸

以下衬衫纸样的绘制以 170/88A 为号型标准进行设计（表 6-1）。

表 6-1　男式衬衫规格表　　　　　　　　单位：cm

项目	衣长	胸围	腰围	袖长	袖口围	袖克夫宽
尺寸	2 背长 −4	B^*+17	B^*−7	55.5	25	6.5

2. 衣身后片制图步骤

（1）拓好原型（对齐袖窿深点）。

（2）作衣长。先取后衣长为 2 背长 −4=83cm，前衣长 = 后衣长 −5（图 6-3）。

（3）作后领口曲线。先确定衬衫后领宽 = 原型后领宽 −1cm（或用公式领围 /2−0.5）长度记为○得点，过此点向上作铅直线交原型领口线上，交点即为衬衫后侧颈点，自后侧颈点向后中线顶端作圆顺曲线得后领口曲线，并测得长度记为□。

（4）作后肩线。将背宽线向上延长 1cm 得点，自衬衫后侧颈点直线连接至此点并延长至原型袖窿曲线的延长线上，所得交点即为衬衫后肩点。

（5）作后袖窿曲线。减少后袖窿宽度，使衬衫后袖窿曲线与原袖窿曲线形成两头尖、肚子大（中偏下鼓起）的月牙形，注意两条曲线距离最大之处为 1.3cm。测得后袖窿弧长 = 22.9cm。

（6）作后肩育克及明裥。四等分袖窿深线以上后中线部分（每份记为△），过自上而下第一等分点作水平线段，左端交至衬衫袖窿上，并向下打开 0.8cm 的缺口；右端长出后中 3.5cm，并向下作虚线至后中线底端点上。

（7）作后侧缝线。自原型侧缝线底端点上取 14cm，再右取 1cm 得点，过此点和后片袖窿深点作直线，自其与腰线的交点内收 0.7cm 并作出后片侧缝线。

（8）作后片弧形底摆。平分原型底摆，将中点与侧缝底端点直线连接，然后从新侧缝线底端以直角引出圆弧形底摆，切于上述直线和原型底边线上。

3. 衣身前片制图步骤

（1）作前领口曲线。自原型侧颈点竖直向上延长 0.5cm 作水平线，与前中线的延长线相交。自交点取前领口宽 = 后领口宽 = ○得前侧颈点，取前领口深 = ○ +1 得前领窝深点；作以○、○ +1 为两边长的长方形对角线，并三等分对角线，自下端等分点下取 0.5cm 得点，经过此点、前领窝深点和前侧颈点作圆顺曲线。

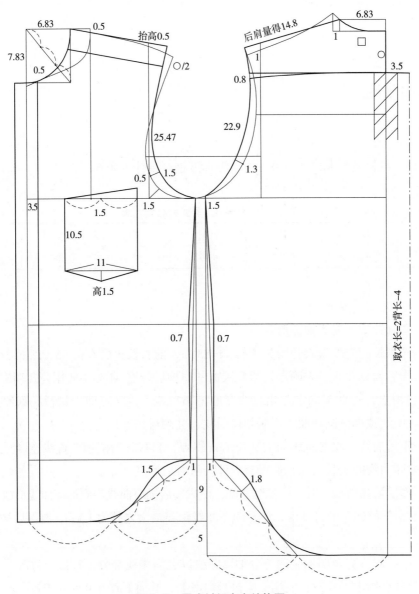

图6-3　男式衬衫衣身结构图

（2）作前肩线。抬高前胸宽线 0.5cm 得点，将此点与侧颈点直线连接并延长，使前肩长 = 后肩长 =14.8cm。

（3）作前袖窿曲线。前侧缝在原型基础上胸部收缩 1.5cm 得衬衫前片袖窿深点，并作前侧缝辅助线至与衬衫后侧缝线平齐；减少前袖窿宽度，使衬衫前袖窿曲线与原袖窿曲线形成两头尖、肚子大（中偏下鼓起）的月牙形，注意两条曲线距离最大之处为 1.5cm。测得前袖窿弧长 =25.47cm。

（4）作前肩育克。自前肩点沿袖窿曲线下取 △/2，并作肩线的平行线交至领口曲线上。

（5）作前门襟。作出门襟贴边，宽 3.5cm，平分在原型前止口两侧。

（6）作口袋。前胸贴袋以过前胸宽中点偏右 1.5cm 的铅直线为中轴左右同宽；取口袋水平宽度 11cm（平分在中轴两侧），高度为 11−0.5=10.5cm；上口靠近侧缝端抬高 1.5cm；下端三角高 1.5cm。

（7）作前侧缝线。自原型后片侧缝线底端点上取 5cm 作前片水平底摆辅助线并将其平分；于前侧缝底端点左取 1cm 得点，过此点和前袖窿深点作直线，自其与腰线的交点内收 0.7cm 并作出前侧缝线。

（8）作后片弧形底摆。将前片底摆辅助线中点与侧缝底端点直线连接，然后从新侧缝线底端以直角引出圆弧形底摆，切于上述直线和前片底边线上。

4. 衣袖与袖克夫制图步骤（图 6-4）

（1）画一水平线段，作为落山线。长度暂不确定。

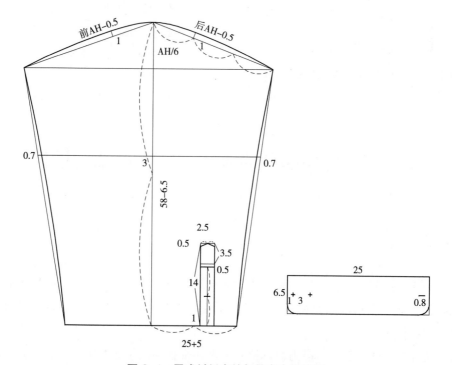

图 6-4　男式衬衫衣袖与袖克夫结构图

（2）取袖山高和袖长。以上测得 AH=48.37cm。过落山线中点作竖直线段，落山线以上取袖山高 AH/6 ≈ 8.06cm，得袖山顶点。自袖山顶点向下画袖中线，长度 = 袖长 – 袖克夫宽 =58–6.5=51.5cm。

（3）取袖口围。袖口尺寸 = 袖口围 + 褶量 =25+5=30cm，平分在袖中线两端。

（4）画袖山直线。自袖山顶点分别向左、右两侧落山线画斜线段，长度分别为前 AH–0.5、后 AH–0.5。交点之间的距离即为袖肥。

（5）画袖山弧线。首先确定标记点。三等分后袖山斜线，自上起第一等分点垂直斜线作向上凸起 1~1.2cm，同理，沿着前袖山斜线取 1/3 后袖山斜线长，然后垂直前袖山斜线作凸起 1~1.2cm。然后将前、后凸起点与袖山顶点、前、后落山点用圆顺弧线连接，得袖山弧线。

（6）画袖肘线。平分袖中线，自中点向上取 3cm 得点，过点作水平线，交于前、后袖缝直线。

（7）画袖缝弧线。先分别直线连接前、后落山点至袖口前、后端点，得前、后袖缝直线。两者与袖肘线的交点均内收 0.7cm，然后圆顺画出前、后袖缝弧线。

（8）画宝剑头袖衩。平分后袖口围，自中点向后水平 1cm，作为宝剑头袖衩的起始点。取袖衩宽度 2.5cm，总高 14cm。宝剑头总高 3.5cm，箭头高 0.5cm，水平压明线距离宝剑头下边缘 0.5cm。

（9）画袖克夫。

5. 衣领制图

衣领制图如图 6-5 所示。

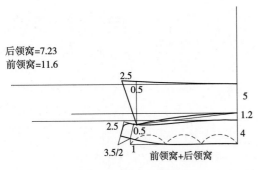

后领窝=7.23
前领窝=11.6

图 6-5　男式衬衫衣领结构图

第三节　男装原型的应用——夹克结构设计

一、款式分析

男式夹克在造型上有长、短之分，季节上有单、棉之别，工艺上有不同材质的选择。夹克结构设计属于变形放量结构设计，按照原则，放量不必考虑内外服装的制约，采用宽松的直线结构。

男式夹克为连体翻领；门襟为双排拉链；袖口抽褶、贴边抽紧设计；有省道、分割线，前后片设计多个横向、纵向和斜线分割；袖型为宽松一片拼接袖；设计紧摆贴边（图 6-6）。

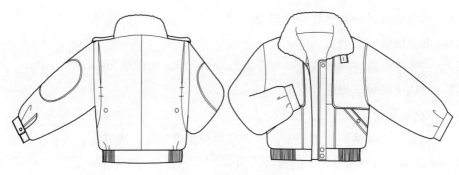

图 6-6　男式夹克款式图

二、变形放量原则

胸围放量比例分配。后侧缝：前侧缝：后中缝：前中缝 =2 ： 2 ： 1 ： 1。肩升高总量 = 前中缝放量 + 后中缝放量。后肩升高量：前肩升高量 =3 ： 1。若升高总量 ≤ 2cm，则可取前肩升高量为 0。后颈点升高量 = 后肩升高量 /2。后肩加宽量 = 侧缝放量之和 /2+1。取前肩长 = 后肩长。袖窿开深量 = 侧缝放量 – 肩升高总量 /2+ 后肩加宽量。腰线下调量 = 袖窿开深量 /2。

三、结构制图

1. 制图规格

男式夹克衣身制图规格见表 6-2。

表 6-2　男式夹克规格表　　　　　　　　　　　　单位：cm

项目	号型	成品胸围	衣长	袖长	袖克夫	袖口围	袖山高
尺寸	170/88A	120	64	55.5	5	26	△-6

2. 变形放量设计

（1）计算胸围追加放量。净胸围 88cm，原型胸围 108cm，成品胸围 120cm，故利用原型法制图时，胸围追加放量为 120–108=12cm。半身制图胸围追加量即为 6cm。

（2）胸围放量比例分配。后侧缝：前侧缝：后中缝：前中缝 =2 ： 2 ： 1 ： 1，假设一份记为 x，则 $2x+2x+x+x=6x=6cm$，故 $x=1cm$。因此，后侧缝放量 =2cm，前侧缝放量 =2cm，后中缝放量 =1cm，前中缝放量 =1cm。

（3）肩升高总量 = 前中缝放量 + 后中缝放量 =2cm。后肩升高量：前肩升高量 =3 ： 1=1.5cm ： 0.5cm。

（4）后颈点升高量 = 后肩升高量 /2=0.75cm ≈ 0.7cm（保守性原则）。

（5）后肩加宽量 = 侧缝放量之和 /2+1=3cm。

（6）取前肩长 = 后肩长。

（7）袖窿开深量 = 侧缝放量 – 肩升高总量 /2+ 后肩加宽量 =6cm。

（8）腰线下调量 = 袖窿开深量 /2=3cm。

3. 衣身结构制图

（1）拓好原型并进行变形放量。对齐腰线和袖窿深线，画好前、后衣身原型。根据设计进行各个部位长度和宽度上的放量（图 6-7）。

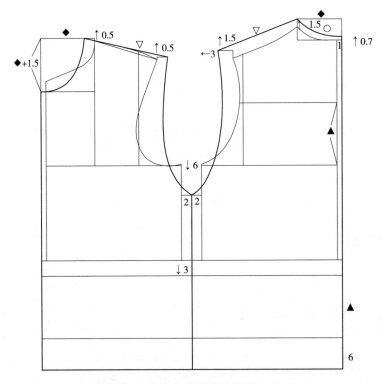

图 6-7　男式夹克衣身结构图（a）

（2）作后肩线。将后侧颈点抬高 1.5cm，后肩点抬高 1.5cm 后加宽 3cm，直线连接新侧颈点和新肩点得后肩线，测得长度记为▽。

（3）作侧缝、取衣长。横宽线至袖窿深线的距离记为▲ =12.4cm，后袖窿弧线外扩 3cm 后至袖窿深线的距离记为△ =18.2cm。将前、后袖窿均加宽 2cm 并挖深 6cm 得袖窿深点，画出侧缝线并延长至原型腰线以下 3cm 处得夹克腰线，继续延长▲ +6 得衣身底边和紧摆贴边。

（4）作后领窝和后背中线。将领窝整体抬高 0.7cm 得后领窝并向后中加宽 1cm 画出后背线。测量后领宽记为◆，后领窝弧长记为○（图 6-8）。

（5）作后片分割。自衣身底边沿侧缝线上取 9cm，原袖窿深线下取 5cm，以直线连接两点，自此直线后中处下取 15.5cm，后将剩余直线平分，再自中点作下凹量 1cm，最后将直线修正成圆顺的弧线。自新侧缝线沿袖窿深线内取 6cm 作铅直分割线。

（6）作前领窝弧线。将前侧颈点抬高 0.5cm 并作水平线，前止口加宽 1cm 后画出 5cm 门襟，自水平线与门襟交点右取◆得前侧颈点，下取◆+1.5 得前止点，圆顺连接得前领窝弧线。

（7）作前肩线。将前肩点抬高 0.5cm 并加宽作水平线，自前侧颈点向水平线取前肩线长 = 后肩线长 = ▽。

（8）作前片分割和口袋。延长胸宽线至与原腰线相交，竖直分割线位于原型止口内侧 6.5cm 处，于原袖窿深线下 13cm 处以下再缩进 0.7cm，下至衣身底边修正成圆角。水平分割线位于原袖窿深线下 13cm 处，再上取宽度为 1.5cm 的贴边。口袋边宽为 2.5cm，位于水平分割线内进 0.7cm 后 9cm 处，下端位于侧缝内进 3cm 再向上 5.5cm 处，装饰扣位于中间位置。

（9）作紧摆贴边。左进（5+15）cm、右进 19cm、宽 6cm 作紧摆贴边。

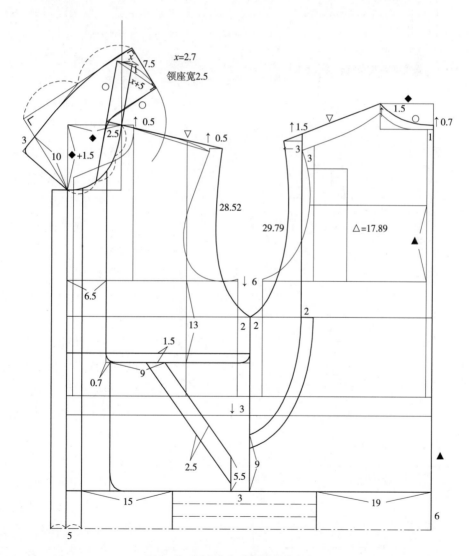

图 6-8 男式夹克衣身结构图（b）

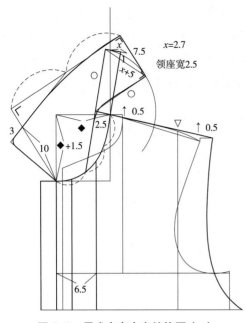

图6-9　男式夹克衣身结构图（c）

（10）作领子。详细制图细节如图6-9所示。

①三等分前领窝弧线。

②延长肩线2.5cm，连接至下端第一等分点处，并向上延长○（后领窝弧长）。

③过侧颈点作上述直线的平行线，并取长○。作出领座宽，向右延长1cm得点，记此点到领座宽与过侧颈点的铅直线的交点的线段长度记为x。

④以侧颈点延长2.5cm的点为圆心、○为半径画弧，自领座宽左端点取弦长$x+5$得点，并画出翻领底线。须保证与领座上口线下端直线自然衔接为原则。

⑤取领宽7.5cm，再垂直领宽线作领外轮廓辅助线，长度暂不确定。自前颈点向上述直线作垂线段，并取长10cm得点。平分领外直线，经中点和以上点作弧线并延长3cm，最后作出领角宽线。

4.衣袖结构制图

（1）取一坐标轴。水平线为落山线，竖直线为袖中线（图6-10）。

（2）取袖山高△−6=12.2cm。

（3）作前、后袖山斜线。前袖山斜线＝前AH−0.5；后袖山斜线＝后AH−0.5。

（4）作袖山曲线。四等分后袖山斜线每份记为"△"，自上第一等分点处垂直斜线抬高1.5cm，前袖山斜线自上而下取"△"，并垂直斜线向上抬高1.5cm，同时自下而上取"△"，作为弧线与直线的切

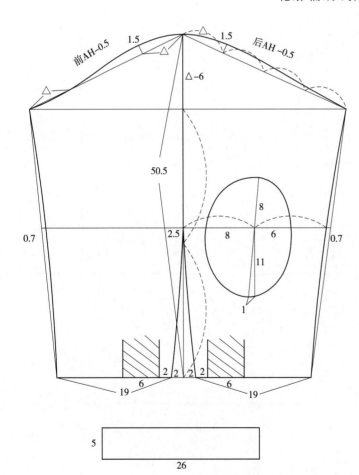

图6-10　男式夹克衣袖结构图

点。圆顺连接以上标记点得袖山弧线。

（5）取袖长 50.5cm。自袖山顶点竖直下取 50.5cm（总袖长减去袖克夫宽 5cm）。

（6）作袖肘线、袖中缝弧线和侧缝弧线。平分落山线以下的袖中线，自中点竖直向上 2.5cm 作水平线，得袖肘线。自袖中线下端点水平向左、向右均取 2cm 得点，将袖肘线与袖中线交点分别圆顺连接至此两点，得袖中缝弧线。然后继续分别向左、右两侧取袖口围 /2+6=19cm，得袖口线两端点。画出侧缝直线，然后在袖肘线处凹进 0.7cm，作出袖侧缝弧线。

（7）作袖口褶、开衩。距离袖中缝弧线下端点左、右 2cm 处为褶位起始处，褶大 6cm，画出褶线；距离后褶向后 2.5cm 处作 8cm 高的袖开衩。

（8）作袖肘拼接部分。首先平分后袖肘水平线段得中点，自中点向前取 8cm 得点，向后取 6cm 得点，同时自中点竖直向下取 11cm 再水平向前取 1cm 得点，连接此点至中点，并向上延长 8cm 得点。将以上所得四点圆顺连接，得到袖肘拼接的位置和形状。

（9）作袖克夫。袖克夫为长方形，长为 26cm、宽为 5cm。

第四节　男装原型的应用——背心结构设计

一、款式分析

马甲，也叫背心，一般不单独使用，要与衬衫和西装形成一套西服系统，属于配服。背心包括普通背心和礼服背心。礼服背心是专门搭配礼服穿着的样式，而普通背心比较常用，可以搭配西服套装、运动西装、调和西装使用（图 6–11）。

普通背心在进行结构设计时，具有明显的固定模式，主要表现为 8 个特征。

（1）与西服套装搭配使用时，背心、西装、西裤应使用同一材质、同一颜色。

（2）背心的外形保持传统风格，前片三角形下摆，后底摆比前底摆长。

图 6-11　男式背心款式图

（3）背心前片的三角形下摆，优雅美观又实用，三角形的边长由前片腰围以下的衣长推算出来。

（4）侧开衩。侧开衩已成为标准背心的程式化语言。

（5）V型领口开深量等于袖窿开深量。

（6）收缩尺寸处理。根据结构设计"前紧后松"的原则，收缩量主要集中在前身，主要包括前片胸围（围度上）的收缩和前肩线下移（长度上）两部分。

（7）前领口与肩会合处，设有后领台，设计的原理有二：一是，前衣身与西装同料，而后片一般采用薄缎面料，后领窝强度不够，后领台采用西装本料可以加固牢度。二是，后领台的设计可以提高后领窝。

（8）由于前片设计八字角，最后一粒扣不在搭门上，不具有实用性功能，只是程式化语言符号。

二、结构制图

1.后片结构制图步骤

（1）拓好男装原型（图6-12）。

（2）修正后领口。后颈点和后侧颈点同时缩短0.8cm，画好后领窝弧线。

（3）定肩点，作肩线。将背宽线与肩线交点至原侧颈点之间的肩线长三等分，取2/3得肩点，自侧颈点取至肩点即为后肩线长，测量并记录为"☆"。

（4）作后袖窿弧线。过肩点作竖直线交于袖窿弧线，与背宽横线交点右取0.6cm得点，将胸宽线与侧缝之间的袖窿深线平分，一份记为"●"，然后将袖窿挖深"●"。

（5）取衣长，作后中曲线。腰围以下取长△=12.1cm；腰线于后中直线处内收2cm得点，并与背宽横线右端点直线连接，延长至底摆。将上述直线于腰线处内凹0.7cm作后中曲线。

（6）作后侧缝线和省道、底摆。腰线于侧缝处内收0.7cm，同时延长侧缝向下1cm，用圆顺弧线连接三点；平分成品腰线，过中点作直线，省大1.5~2cm，省底端开口1~1.5cm，省尖点位于腰围以上2/3处。作底摆线。

2.前片结构制图步骤

（1）取衣长、作侧缝弧线。作前侧缝直线，比后片短3cm，挖深袖窿与后片袖窿平齐。腰围线以下取长△+1-3=10.1cm；前腰线于侧缝处内收0.7cm，圆顺作出侧缝弧线。

（2）确定开衩点。侧缝底端沿着弧线上取3cm得开衩点，后开衩点与前平齐。

（3）作搭门、前肩线和袖窿弧线。向左延长肩直线0.7cm得肩点；前中线向袖窿线以下取"●"，并向左水平1.5cm得点o作搭门；将以上所得两点直线连接；将肩直线平行下降2cm，交于上述直线得点并内收1.8cm，再取肩长"☆-0.5"；三等分过侧颈点的铅直线与胸宽线之间的袖窿深线，每份记为"o"，左边第一等分点直线连接至肩点，作袖窿弧线。

（4）作门襟、扣位和领台。自原侧颈点竖直向上取后领窝弧长"○"，得点a；平分线段"bo"，于中点处作垂线段0.6cm得点c；于门襟止口处将腰线外延0.5cm得点d；

将原型止口于底摆向下取 10.1cm，再水平右取 2.5cm 得点 e；圆顺连接 a、b、c、d、e，得门襟止口线。画出底摆弧线；定扣位：前止口于底摆辅助线交点上取 3cm 得点，将点 p 与 m 之间的线段四等分，每份记为"▲"，得到 5 个扣位点，最后一个扣位是自点 M 平行于门襟取长"▲"得点。

（5）确定手巾袋、大袋位置，作省。首先自过侧颈点的竖直线与袖窿深线的交点，向左取"□"，并向下作铅直线。

①作手巾袋。画前袖窿后半部分的平行线，前袖窿深点向下取 1cm，作水平线，以上两线的交点向下取 2cm 得袋牙宽，向上述铅直线取斜线段，使其长度为 10cm，得一交点。画出袋牙。

②作大袋。向下延长胸宽线交至腰线，自此点向下同时向左 0.8cm 取一点，此点即大袋牙右上端点，自此点向下取 2.5cm 为宽、左下向铅直线取长 12cm；画大袋牙，并将下端斜线三等分得点，平分手巾袋牙下端斜线得点。

③作省。将上述两点直线连接并延长至底摆弧线，得省中线；省肩点是自直线下取 4cm；省大位于大袋牙上口线处 1 ~ 1.5cm；省下端开口，大小 0.5~1cm，平分在省中线两侧。

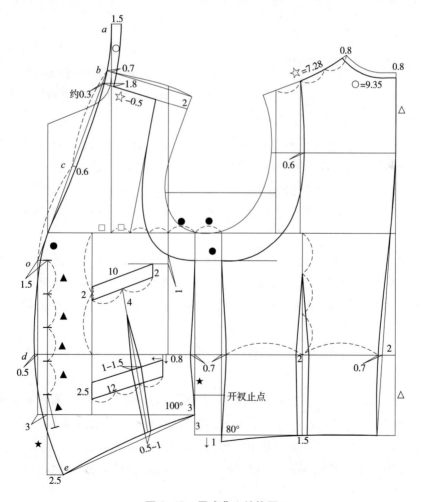

图 6-12　男式背心结构图

第五节　男装原型的应用——西装（带腹省）结构设计

一、款式分析

图6-13　男式西装（带腹省）款式图

男式西装（带腹省）领型为平驳头八字领；门襟为单排门襟两粒扣；前片设计腰省、腹省，后背断缝，腋下断缝，后片竖向分割线；袖型为合体两片袖结构；前身圆摆；左前身手巾袋，两侧为带袋盖的双嵌线口袋（图6-13）。

二、制图步骤

1. 衣身结构制图

（1）拓原型。将前、后片衣身原型侧缝线无缝对合，并拓下外轮廓（图6-14）。

（2）取衣长并作后中辅助线。将后背宽增加1cm，自腰围线以下取衣长 = 背长 –10。

（3）作后中曲线。将后中线于腰围处内收2.5cm，底摆处内收3.5cm，然后自后背横宽线端点与原型袖窿深点向下圆顺连接经腰线至底摆辅助线得后片中线。

（4）测长。测量袖窿深线以上后中曲线记为 ◎ =24.17cm，后领窝曲线长记为 ▲ =9.62cm，自后肩点沿袖窿曲线下取3cm得点，并测量此点至袖窿深线的距离为 △ =17.85cm。

（5）作后片与侧片侧缝线。自横宽线以下1/2处的水平线与袖窿深线交点向下作铅直线，交至底摆辅助线上。于腰围处分别向后片和侧片内收2cm，底摆处微上翘并延伸1cm，然后作后片、侧片的侧缝线。注意：侧片顶端为圆顺、饱满的曲线，底端两侧角应为直角。

（6）作翻驳领。沿腰线向前片延长2cm得驳点，同时延长前侧颈点2.5cm得点，将两点直线连接得驳折线。

①作串口线。取串口线长12cm（自驳折线与领窝交点向前取），领缺嘴宽4cm，高3.5cm。直线连接领缺嘴宽点与驳点，然后在下端1/3处外凸0.5cm作曲线得驳头。

②确定看眼。驳角向下4cm开始至距离驳口外缘1.5cm画看眼。

③作领底线。过侧颈点斜向上方作驳折线的平行线段，长为 ▲ =9.62cm。

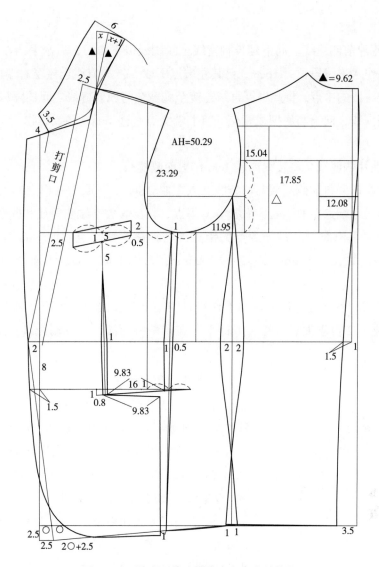

图 6-14　男式西装（带腹省）衣身结构图

④确定领底倒伏量。过侧颈点作一铅直线，并测得领底线顶点至此铅直线的距离 x=2.06cm，从而确定领底倒伏量为 x+1=3.06cm。

⑤作领底线倒伏。以侧颈点为圆心、▲=9.62cm 为半径作弧，并以领底线为始点向圆弧量取弦长 x+1=3.06cm 得点，将此点直线连接至前侧颈点得领底倒伏线，然后把领底倒伏线修正圆顺并向下交至领口切线（串口线）上。

⑥取领宽作领外轮廓线。先以直角引出领座宽 2.5cm，接着取翻领宽 3.5cm，然后直角引出领外轮廓线至领缺嘴高点。虚线画出领座与翻领翻折线。

（7）作前门襟止口。自原型腰线前端点以下 ☆=10cm 取 1.5cm 门襟得第二粒扣位。将底摆向下延长 2.5cm 并向右 2.5cm，所得点直线连接至驳点得前门斜线，与底摆辅助线交点至原型前止口的距离记为 ○=2.16cm，再右取○得点，并自斜线下端点右取 2 ○ +2.5=6.82cm 得点，然后圆顺连接以上三点至驳点得前门襟止口线。将门襟止口下端点直线连接至侧缝线。

（8）作侧片前侧缝线。向下延长胸宽线至腰围线以下 ◎ /3，后水平向左 1cm 得点，以此点为中点作水平线段长为 16cm，自其左端点下取 1cm 并直线连接至右端点得袋口线。再取右半部分线段的中点，将此中点直线连接至胸宽线与原侧缝线之间袖窿深线的中点，向上交至袖窿深线，向下与底摆线相交。将上端交点右移 1cm，腰线右收 0.5cm 修正侧片侧缝线。

（9）作前片侧缝线。将腰线内收 1cm 作出前侧缝线。

（10）作腹省。自前侧缝线与口袋线交点左取 0.8cm、下取 1cm 得点作出腹省下端省线，将前侧缝线底端点左取 1cm、下取 1cm 得点，作出腹省下端侧缝线和底摆线。

（11）确定手巾袋位。过侧颈点的铅直线与袖窿深线交点右取 1cm 得点，以此点为中点作线段，总长为 15cm。左端下取 2.5cm，右端上取 2cm、下取 0.5cm 并作出袋盖边线。

（12）作前胸省。过上述中点向下作铅直线交至口袋线得省中线。自手巾袋下边线沿省中线下取 ☆ /2 得省尖点，省大 1cm 平分在省中线两端，省下端开口 0.8cm，平分在省中线两端。

2. 衣袖结构制图

（1）作基本框架。如图 6-15 所示，先画一铅直线作为内袖缝辅助线，于其右侧作一水平线。

（2）取袖山高。自水平线向下取大袖袖山高 △ =17.85cm，作出落山线；自落山线向上取小袖袖山高 ◎ /2=12.08cm 并过顶点作水平线。

（3）确定袖肥和袖山顶点。自落山线与辅助线交点上取 ◎ /8=3= ■ 得大袖符合点，自此点向小袖山顶点水平线作长为 AH/2-2.5=22.65cm 的线段，得袖肥，记为 ▲。作出袖肥线并平分，自中点右取 2 ■ /3 得袖山顶点。

（4）确定其他 4 个大袖山弧线标记点。自袖肥中点下取线段交至小袖山顶点水平线上，平分其左侧线段，并取中点，自中点左取 0.5cm 得一标记点；平分此标记点与袖山顶点之间线段，并于中点处作 1cm 上凸得一标记点；同理，平分袖山顶点至小袖山水平线右端点之间的线段，于中点处作 1cm 上凸得一标记点；自落山线与辅助线交点向左延长 ■ 得一标记点。

（5）作出大袖山弧线。用圆顺的弧线连接大袖符合点、袖山顶点、小袖山水平线右端点及上述 4 个标记点得大袖山弧线。

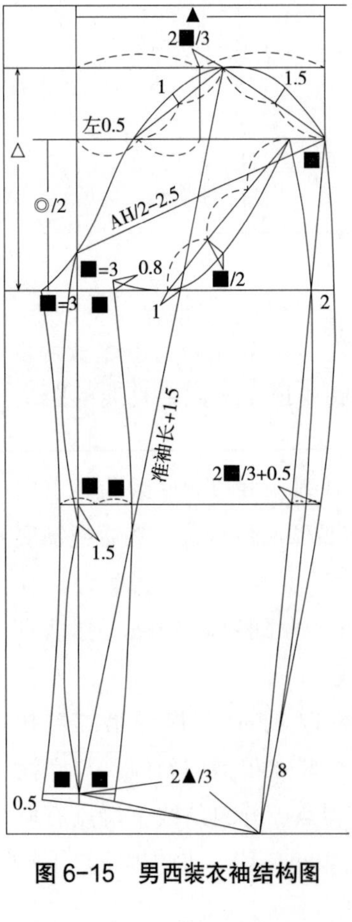

图 6-15　男西装衣袖结构图

（6）取袖长。自袖山顶点向辅助线取袖长，使袖长 = 准袖长 +1.5，自交点垂直于袖长线作袖口宽 =2 ▲ /3，并作出大袖外袖缝辅助直线。

（7）作大、小袖外袖缝曲线。取符合点以下辅助线的中点，中点偏上取 1.5cm，并过点作水平线得袖肘线，上述直线与袖肘线交点右取 2 ■ /3+0.5 得点，在左取一半得点，与落山线交点右取 2 ■ /3 得点；圆顺连接以上大、小袖标记点至袖口端。

（8）作大、小袖内袖缝曲线。自内袖缝辅助线沿袖肘线内取 1.5cm 之后，自此点分别向左、右取■得点；落山线左端点右取■得点；过袖长线下端点作水平线段，使其左右两段长度均等于■得两点；分别将大小袖的以上三个标记点用圆顺弧线连接，并延长大袖缝 0.5cm 得大袖口内端点。

（9）作袖口曲线。自外袖缝以直角引出袖口线并圆顺连接至大袖口内端点得袖口曲线。

（10）作小袖山弧线。自小袖山水平线右端点左取■得标记点，袖长线与落山线交点左取 1cm 得点，直线连接这两点，取线段下端的三等分点，作下凹量■ /2 得标记点，延长小袖内缝 0.8cm 得一标记点，圆顺连接以上标记点并与落山线相切于斜线左端1/3 处。

第六节　男装原型的应用——落肩款宽松大衣结构设计

一、款式分析

男式落肩款宽松大衣款式风格为廓型宽松、衣长较短；肩型为落肩宽松袖；袖长较长，至虎口附近；袖口偏小，属宽袖身小袖口；领型为平驳头、八字领；无省道、无分割线；前身左右对称分布明贴袋（图 6-16）。

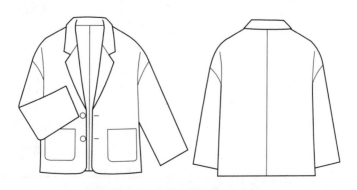

图 6-16　男式落肩款宽松大衣款式图

二、结构制图

1. 后片结构制图步骤

（1）拓好男式衣身原型（图 6-17）。

（2）前、后侧缝分别加宽 3cm、后背宽增加 1cm，前中加宽 1cm，并取衣长 76cm。

（3）抬高后领窝。后颈点抬高 0.7cm，后侧颈点抬高 1.5cm，同时加宽 0.5cm 得侧颈点；圆顺连接侧颈点和后颈点，得后领窝线，并测量记为"●"=10.24cm。

（4）后肩线。后肩点抬高 1.5cm，直线连接至原后侧颈点，并延长 7cm 得肩点。过侧颈点圆顺连接至肩点得肩线。测量肩线长△ =20.62cm。

（5）腰线下调 2.5cm，并按照男西装的作法画出后中曲线。

（6）挖深袖窿 8cm，并自肩点圆顺连接至袖窿深点，得袖窿弧线。弧度应自然合理，实验证明，弧度最大的位置距离肩点至袖窿深点间直线下端 1/3 处约 4cm。

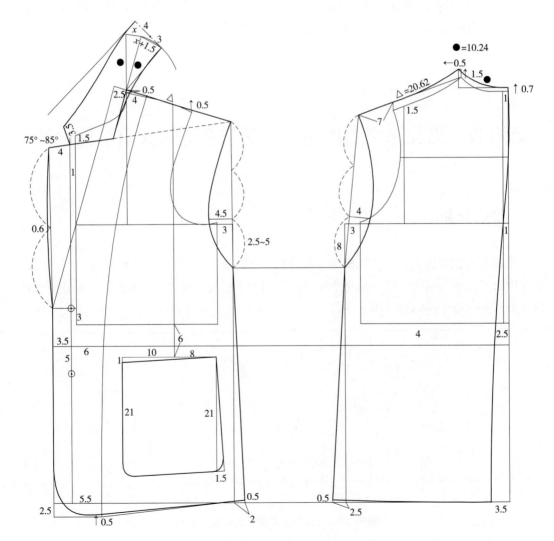

图 6-17　男式落肩款宽松大衣衣身结构图

（7）画侧缝线。侧缝摆出 2.5cm，并起翘 0.5cm，底摆弧线垂直侧缝圆顺引出。

2. 前片结构制图步骤

（1）作前肩线。同时抬高前侧颈点和肩点 0.5cm，直线连接并延长得前肩线，使前肩长 = △ =20.62cm。

（2）作袖窿弧线。袖窿挖深与袖窿深点平齐，直线连接肩点至袖窿深点，并三等分，下端等分点处垂直向左取 4.5cm 得点，过此点圆顺连接肩点和袖窿深点，得袖窿弧线。

（3）作侧缝线。侧缝摆出 2cm 作侧缝斜线，并上翘 0.5cm 得摆点。

（4）作门襟。在新前中线上，自原腰线水平位置上取 3cm 得第一扣位。水平向左取 3.5cm 得驳点，并作门襟止口线。新腰线以下 5cm 得第二扣位。

（5）作挂面止口线。新前中线与底摆直线交点右取 5.5cm 得点，新腰线与新前中线交点右取 6cm 得点，自前侧颈点沿肩直线取 4cm 得点，圆顺连接以上三点。

（6）作前门襟弧线与底摆弧线。门襟止口线下延 2.5cm，作水平线，交至挂面止口线的延长线。先将交点直线连接至摆点。再自交点上取 0.5cm 得点，过此点将门襟与底摆圆顺、自然地连接起来。

（7）作驳头和翻领。延长肩线 2.5cm，直线连接至驳点，得驳折线。原前领窝点挖深 1.5cm 得点，自肩点直线连接至此点并延长，至新前中线以外 4cm 为止，得串口线前端点。直线连接串口线前端点至驳点，并两等分。中点外凸 0.6cm，圆顺连接得驳头外轮廓。

（8）作领底弧线。过侧颈点作竖直线，并向上取长"●"=10.24cm。同时过侧颈点作驳折线的平行线，也向上取长"●"=10.24cm，两条线段上端点的连线记为 x，测得 x=2.9cm，以侧颈点为圆心，"●"的长度为半径画弧，并取弦长 x+1.5=4.4cm，即为领底线的倒伏量。圆顺画出领底弧线。

（9）画领缺嘴。自领缺嘴宽 4cm 处，以 75°~85° 的角度画领缺嘴高 3.5cm。

（10）作领中线和领外轮廓线。自领底弧线上端垂直引出领中线，先取领座宽 3cm，再取翻领宽 4cm，然后垂直领后中线引出圆顺、合理的轮廓线。

（11）画口袋。原型胸宽线向下延长 6cm，画水平线，向左 10cm，向右 8cm，左端竖直向下 1cm 画口袋上边斜线。自上口线两端分别取口袋高 21cm，同时口袋后侧角向后倾斜 1.5cm，圆顺袋角。

3. 衣袖结构制图步骤

（1）首先测量衣身前 AH=28.79cm，后 AH=29.72cm，故 AH=58.51cm。

（2）画袖山高 AH/6 ≈ 9.8cm，袖长 61.5cm，前袖山斜线 = 前 AH−0.5=28.29cm，后袖山斜线 = 后 AH−0.5=29.22cm（图 6-18）。

（3）作袖山弧线。三等分后袖山斜线，分别上凸 1.2cm、下凹 0.25cm；四等分前袖山斜线，分别上凸 1cm、下凹 0.7cm，圆顺连接作出袖山弧线。

（4）作袖肘线。平分落山线以下的袖中线，中点上移 3cm 画袖肘线。

（5）作袖口线。设计袖口围 31cm。过袖中线底端作水平线，同时袖中线向左偏移

3cm 与袖口线相交。自交点向左取 15cm，向右取 16+6.5cm，其中 6.5cm 作为袖口分割线中所包含的袖口省量。两端直线连接至落山线两端得袖缝直线。

（6）作袖缝弧线。自袖缝直线与袖肘线交点内取 1cm，并圆顺画出袖缝弧线。两弧线下端延长 0.5cm 得袖口摆点。

（7）作后袖分割线。过落山线与袖中线交点，右取 10~12cm 得点，过点作竖直线，上交至袖山弧线，下交至袖口直线并下延 1.5cm 得点。过此点和袖摆点圆顺画出袖口弧线。

（8）画后袖分割弧线。后袖分割直线与袖口直线交点左取 4.5cm、右取 2cm，然后所得点直线连接至落山线与分割直线交点。所得两条直线均与袖肘线相交，左侧交点右取 1cm、右侧交点左取 0.5cm，然后分别过此两点圆顺画出分割弧线。

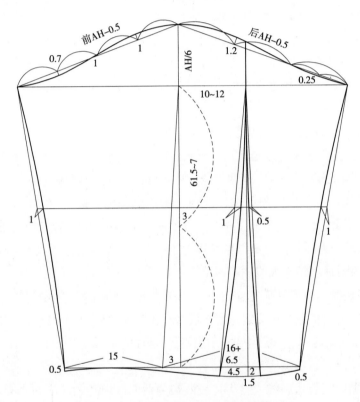

图 6-18　男式落肩款宽松大衣衣袖结构图

参考文献

［1］张文斌.服装结构设计［M］.北京：中国纺织出版社，2010.

［2］刘瑞璞.服装纸样设计原理与应用（女装篇）［M］.北京：中国纺织出版社，2010.

［3］中泽愈.人体与服装［M］.袁观洛，译.北京：中国纺织出版社，2000：138-142.